Lucien BOILLEY

Juge suppléant à Béja (Tunisie)

Docteur ès Sciences Politiques et Economiques

La Tunisie Agricole

BESANÇON

Imprimerie Millot frères

1913

LA TUNISIE AGRICOLE

LA

TUNISIE AGRICOLE

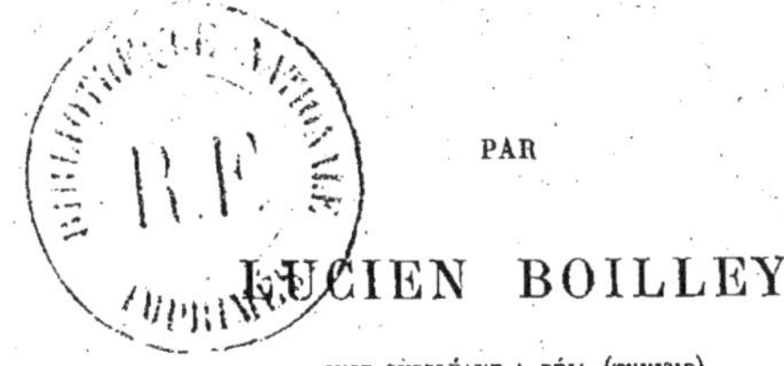

PAR

LUCIEN BOILLEY

JUGE SUPPLÉANT A BÉJA (TUNISIE)

DOCTEUR ÈS SCIENCES POLITIQUES ET ÉCONOMIQUES

BESANÇON

IMPRIMERIE MILLOT FRÈRES

20, RUE GAMBETTA, 20

1913

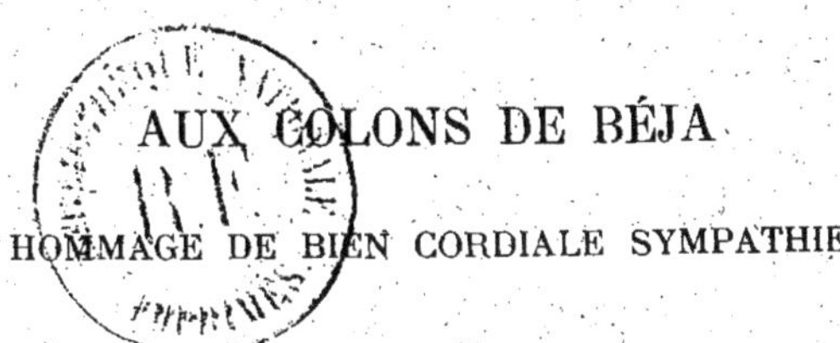

AUX COLONS DE BÉJA

HOMMAGE DE BIEN CORDIALE SYMPATHIE

L. BOILLEY

AVANT-PROPOS

Que de fois a-t-on répété que les Français ne savaient pas coloniser et que notre peuple était trop volage, trop superficiel, pour mener à bien une œuvre de longue haleine telle que la mise en valeur d'un pays neuf! Aux détracteurs de notre politique coloniale, nous ne répondrons que ceci : il est, à quelques trente heures de la vieille Europe, un pays qui, il y a un quart de siècle, était dans une situation économique déplorable et dans un état physique lamentable, quasi-désertique. Aujourd'hui, une baguette de fée a transformé cette région aride et désolée en une contrée des plus prospères : des villages entiers ont surgi, la campagne s'est peuplée de fermes, des chemins de fer circulent de tous côtés, de belles routes sillonnent les plaines de leurs rubans éblouissants. Au printemps, un océan de verdure, tout émaillé de fleurs multicolores, charme les yeux. Ce pays enchanteur, c'est la Tunisie, et la fée bienfaisante qui, en quelques années, a opéré cette métamorphose s'appelle France.

Beaucoup de personnes ne connaissent de la Régence que les souks *de Tunis, les ruines romaines de Dougga ou d'El-Djem, les mosquées de Kairouan, les rivages de Salambô, de la Marsa ou de Carthage. C'est dans le centre du pays, c'est dans le* bled *tunisien que nous les convions à pénétrer avec nous, et ce que nous allons essayer de leur présenter, c'est le cœur même de ce pays dont les bijoux du littoral ne sont que de vaines parures. On ne peut apprécier la Tunisie, on ne peut comprendre la grandeur de la tâche entreprise par la France et la beauté du résultat obtenu qu'en parcourant l'intérieur du pays ; on ne peut juger le colon français qu'en le prenant dans son milieu, qu'en le voyant à l'œuvre.*

Habitant la coquette ville de Béja, un des centres agricoles les plus riches du nord de la Tunisie, ayant chaque jour sous les yeux le magnifique panorama de l'immense plaine fertile que les fermes françaises piquent de tous côtés de leurs points blancs, étant le témoin quotidien des labeurs des colons, de leurs difficultés, de leur admirable ténacité, nous ne pouvions choisir un sujet plus intéressant et surtout plus vécu que celui de La Tunisie agricole.

Aussi, nous adressons à nos professeurs de la Faculté de droit de Paris, qui ont bien voulu approuver notre projet d'étude, l'hommage de notre profonde reconnaissance, et à nos bons amis, les colons de Béja, qui, avec tant d'empressement et de bonne grâce, se sont prêtés à nos indiscrètes investigations, nous renouvelons nos remerciements et l'expression de notre entière sympathie.

L. B.

Béja, le 10 septembre 1913.

LA

TUNISIE AGRICOLE

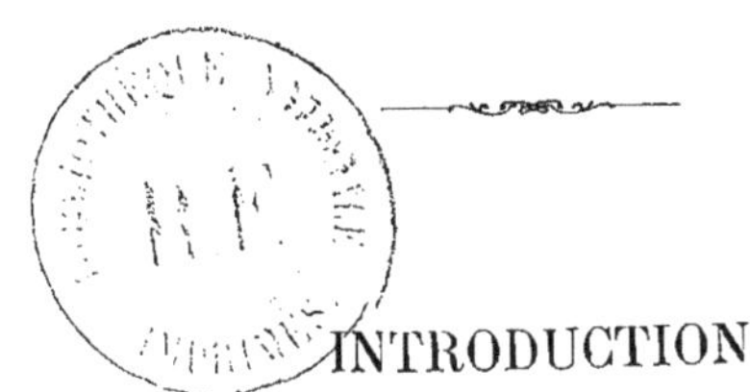

INTRODUCTION

Situation géographique de la Tunisie. — Sa position avantageuse dans la Méditerranée. — Constitution géologique du sol. — Systèmes orographique et hydrographique. — Climat : vents, pluies, grêle, gelées. — Divisions de la Tunisie au point de vue du régime de la propriété. — Distribution des cultures.

« Limitée au nord par la Méditerranée, à l'ouest par l'Atlantique, au sud et à l'est par le Sahara, la partie de l'Afrique septentrionale qui comprend la Régence de Tunis, l'Algérie et le Maroc, forme, ainsi que l'a fait remarquer Ritter, un tout isolé, une sorte de presqu'île dans la grande presqu'île africaine, et les Arabes, en la désignant dans leur langage imagé sous le nom de Djezirat-el-Maghreb, « l'Ile de l'Occident », n'ont fait que constater une vérité géographique (1). »

Le fait avait été déjà signalé par les géographes de l'antiquité : la chaîne de l'Atlas s'élève comme une barrière bien déterminée entre deux régions très distinctes ;

(1) Ch. Tissot, *Géographie comparée de la province romaine d'Afrique.*

au nord, la zone méditerranéenne qui, par ses variétés de culture et sa flore, présente l'aspect de la côte orientale de l'Europe, et, au delà des derniers contreforts méridionaux de la montagne, l'immensité des dunes et des sables, la steppe aride d'où la civilisation s'est écartée avec épouvante, le désert africain avec ses mystères et sa désolation.

La Régence de Tunis occupe la partie est de cette grande île de l'Occident. Elle a la forme d'un rectangle allongé dans le sens nord-sud et mesure cinq cents kilomètres dans sa grande dimension, deux cent cinquante dans sa petite.

Grâce à cette situation géographique à l'extrémité orientale du Maghreb, à sa superficie d'environ treize millions d'hectares, à son développement de côtes de douze cents kilomètres, la Tunisie se trouve placée entre deux régimes climatériques opposés : l'un saharien, chaud et sec, l'autre humide et tempéré ; et, au point de vue agricole, si elle peut, dans le nord, pratiquer heureusement les cultures de céréales et de la vigne, elle fournit abondamment, dans le sud, toutes les principales productions des pays orientaux.

Au point de vue commercial, de toute cette presqu'île occidentale d'Afrique, la Tunisie est la région la plus avantageusement placée, et on s'explique aisément qu'elle ait, de tout temps, provoqué l'envie et suscité les convoitises des peuples audacieux et entreprenants de l'histoire.

Elisée Reclus (1) s'exprime ainsi à son sujet : « La large ouverture du golfe de Tunis permet de tourner la zone montueuse du littoral et de pénétrer au loin dans celle des plateaux par les vallées de la Medjerdah et de l'oued

(1) Elisée Reclus, *Géographie universelle*, t. XI, p. 146.

Melleg. De même, la côte orientale, au sud du golfe de Hammamet, ouvre toutes larges les issues de la région centrale d'Algérie, et la grande route du désert commence au golfe de Gabès. C'est par ces brèches que s'est maintes fois constituée l'unité politique de l'Afrique du nord, qui semblait destinée à n'être habitée que par des tribus hostiles ou du moins étrangères les unes aux autres. Les golfes, les plaines de l'est ont livré passage aux Phéniciens, aux Romains, aux Byzantins, aux Arabes; l'influence de l'Asie, celle de l'Europe ont pénétré par ces portes orientales de la Mauritanie. »

Enfin, la Tunisie est, dans la Méditerranée, un point d'appui de premier ordre : « C'est aujourd'hui pour la France, dit M. Marcel Dubois [1], outre le complément naturel et nécessaire de son Algérie, une position qui l'affranchit de la servitude de Malte anglaise et de la Sicile italienne. C'est une merveilleuse base d'opérations au point de séparation des deux bassins de la Méditerranée. »

Ainsi, la Tunisie, grâce à sa position géographique, occupe une situation naturellement favorable aux relations commerciales avec les pays de l'Europe méridionale; voyons maintenant quel est son aspect intérieur.

Que, de Tunis, on prenne la route de l'Algérie par la vallée de la Medjerdah, celle du centre ou du sud, on voit se dérouler, pour ainsi dire partout, le même paysage : une série d'immenses cuvettes, de vastes plaines, séparées les unes des autres par des collines généralement de faible altitude. Ces collines ne sont point jetées au hasard : elles forment des séries de plissements et, selon M. de Lapparent [2], elles se rattachent

(1) Marcel Dubois, *La Tunisie au début du XXe siècle*, 1904.
(2) De Lapparent, *Leçons de géographie physique*.

à la grande chaîne alpine qui, de l'Espagne, se prolonge jusqu'au Caucase et dont l'Asie-Mineure fait également partie. Ces différents plissements forment, en Tunisie, trois principaux massifs montagneux : celui de Tébessa, qui, remontant vers le nord, se termine dans le golfe de Tunis par le Bou-Kornine (1.500 m.) ; le massif septentrional, qui longe la côte nord et porte les magnifiques forêts de chênes-liège et de chênes-zeen de la Kroumirie; enfin le massif méridional, dirigé du nord au sud, et qui, par les monts de Matmata et des Troglodytes, constitue une sorte de rempart contre les sables du Sahara. D'autres massifs : les hauts plateaux de la Tunisie, dont l'altitude varie de 800 à 900 mètres, les monts du Kef, de Téboursouk, les collines de Tébessa à Gafsa, plus au sud le Djebel-Cherb et le Djebel-Tebaga, forment un système secondaire dont les plus hauts sommets atteignent 1.200 mètres.

M. Emile Haug [1], qui a étudié la constitution géologique du sol tunisien, prétend que ces massifs appartiennent au terrain jurassique et présentent une analogie frappante avec les sédiments jurassiques de l'Algérie, de la Sicile et de l'Apennin.

Au sud de ces massifs s'étendent de vastes terrains crétacés, peu favorables à la culture ; plus au sud encore, et au nord de ces massifs, se rencontrent les terrains calcaires de l'Eocène inférieur, caractérisés par la présence de Nummulites de grande taille et par les gisements de phosphates.

Les immenses plaines situées entre les massifs montagneux, formées généralement de terrains d'alluvions, sont très fertiles, particulièrement celles des Zouarines, du Sers, du Fahs, du Goubellat, du Mornag, de Béja, de

(1) Emile Haug, *Géologie de la Tunisie.*

Mateur, ainsi que les vallées de la Medjerdah et de l'oued Mellègue, de formation quaternaire, composées de terres argileuses souvent imperméables, crevassées l'été, marécageuses l'hiver.

Au point de vue de la constitution géologique du sol, les différents dépôts qui forment le sol tunisien peuvent être ramenés à cinq principaux : 1° les roches (calcaires, grès, schistes, etc.) ; 2° les sables ; 3° les terres légères, dont le sous-sol est formé très souvent par les assises du travertin ; 4° les terres franches argilo-calcaires, rarement siliceuses ; 5° les terres argileuses compactes. Seules les terres légères, les terres franches et les terres argileuses compactes constituent le sol arable, c'est-à-dire la couche de l'écorce terrestre susceptible de fournir aux végétaux, outre le support où ils sont fixés, le milieu nécessaire au développement de leurs racines.

Les terres légères occupent trois millions d'hectares, les franches deux millions et les compactes un million, ce qui fait un total de six millions d'hectares de terres arables.

Les roches, sables, dunes, rivières, routes s'étendent sur le restant du sol, soit sept millions d'hectares.

La Tunisie est sillonnée de nombreux *oueds*, mais peut-on donner le nom de rivières à ces cours d'eau temporaires, complètement à sec pendant l'été, et que les pluies d'orage transforment en véritables torrents dévastant tout sur leur passage, creusant dans la plaine des lits abrupts souvent plus profonds que larges et charriant des masses prodigieuses de sables et de galets arrachés aux collines d'où ils se précipitent en trombe. Seule la Medjerdah mérite le nom de rivière. Venue d'Algérie, des environs de Souk-Ahras, elle roule sur trois cent soixante-cinq kilomètres, dont deux cent soixante-cinq en Tunisie, le flot boueux de ses eaux

2

jaunâtres, et se jette dans la Méditerranée entre Bou-Chateur et Porto-Farina. En hiver, son débit peut être évalué à 1.000 mètres cubes par seconde ; en été, il se réduit à 2 mètres cubes. C'est le grand fleuve de la Tunisie. Il a formé et fécondé de ses alluvions la riche vallée qui s'étend de Souk-el-Arba à Bizerte ; sur ses rives escarpées se dressent de jolies fermes aux toits rouges, s'étalent de riches cultures et se développent des centres agricoles des plus prospères.

Tous les autres cours d'eau, sauf cependant l'oued Miliane, qui conserve pendant l'été un léger débit, sont temporaires.

Les uns, comme l'oued Menasser, l'oued Merguellil, sont complètement à sec ; les autres, comme l'oued Béja, l'oued Siliana, présentent de distance en distance, abritées par une forêt de joncs et de lauriers-roses, de longues et profondes poches où l'eau croupit pendant des mois et où s'ébattent des myriades de moustiques, propagateurs de fièvre et de paludisme.

Le système hydrographique de la Tunisie peut se diviser en trois bassins : celui de la Medjerdah, dont les principaux affluents sont l'oued Mellègue, l'oued Tessa et l'oued Siliana ; le bassin des chotts, dont les plus importants sont le chott El-Ferdjedj, le chott El-Djerid et le chott El-Kharsa.

La Tunisie, de par sa situation géographique, nous l'avons déjà dit, offre une grande diversité de climats : le relief de l'Atlas forme une barrière entre la région saharienne et la région méditerranéenne. Sur le littoral, le climat est tempéré ; à l'intérieur, il est très variable et chaque localité a pour ainsi dire son climat spécial soumis aux influences locales : exposition, altitude, voisinage de la mer. L'été, principalement les mois de juillet, août et septembre, est chaud presque partout ; la moyenne maxima est de 38° à 40° dans le Sahel et la région des chotts, de 32° à 35° sur la côte et le massif montagneux, de 29° en Khroumirie.

L'hiver est très doux ; seule la région forestière de la Kroumirie voit le thermomètre descendre en-dessous de 0° et des neiges persistantes blanchir quelque temps ses sommets arrondis et lui donner l'aspect des montagnes de la Suisse.

La moyenne minima, sur tout le reste du territoire, varie entre 6° et 3°. Cependant, des gelées de — 3° ont été observées à Souk-el-Arba. Le Kef, en 1891, à vu — 5° ; Gabès a connu la gelée en 1892 et Gafsa a eu — 4° en 1890.

Ce qui caractérise principalement le climat tunisien et ce qui provoque des variations subites et considérables dans la température, c'est l'influence du régime saharien, qui se manifeste par le *sirocco*, vent du désert, brûlant, chargé de sable fin, qui va de l'équateur thermique vers les pôles et qui, en été, se formant sur les derniers contreforts de l'Atlas, s'échauffe sur les sommets dénudés des montagnes, refoule vers le nord les courants humides, et peut, en quelques heures, anéantir les espérances des colons tunisiens.

Le sirocco semble obéir à des lois périodiques qui ne sont pas encore déterminées, mais qu'il serait intéressant de connaître. Ses apparitions sont toujours d'une certaine durée, trois, six ou neuf jours, mais sa distribution, d'une année à l'autre, est très irrégulière. Dans le nord, la prédominance des vents marins met le pays à l'abri des trop brusques écarts de température. Bizerte jouit d'un climat assez égal, mais des variations considérables ont été enregistrées dans la vallée de la Medjerdah. Souk-el-Arba a eu + 50° et Tunis + 45°5.

Le régime des pluies varie essentiellement avec les régions. Les chutes d'eau les plus importantes et les plus régulières ont lieu, en général, dans le dernier trimestre de l'année. Les pluies du printemps, qui affectent surtout les mois de janvier, mars et avril, font quelquefois défaut. La région de beaucoup la plus pluvieuse de la Tunisie est la Kroumirie, qui reçoit une moyenne de 1.660 m/m d'eau. A Aïn-Draham, situé à 800 mètres d'altitude, on a compté jusqu'à 130 jours de pluie dans une année. D'octobre en avril, un jour sur deux est pluvieux, et, en été, les orages y sont assez fréquents. Les régions boisées des Mogods et des Nefzas, voisines de la Kroumirie, reçoivent annuellement de 700 à 800 m/m de pluie. Dans la vallée de la Medjerdah, ce n'est plus que 500 à 600 m/m. Le Kef, situé sur les hauts plateaux du centre, n'a que 80 jours de pluie par an ; le Sahel, que 50 à 60 jours, avec une moyenne annuelle de 24 à 45 centimètres. A Gabès, dans la région des oasis, les variations sont plus grandes encore : certaines années n'ont que 10 centimètres d'eau ; d'autres 50 à 60 centimètres. A Gafsa, environ 15 centimètres par an ; dans les oasis du Djerid, 8 à 10 centimètres ; souvent une année se passe sans la moindre pluie. On voit ainsi que la région septentrionale est relativement pluvieuse, alors que la région méridionale l'est peu, même très peu, lorsque le niveau annuel tombe au-dessous de 300 m/m.

Les jours de grêle sont assez rares en Tunisie. Quelques régions montagneuses, telles que le Kef, y sont cependant exposées. Cette contrée a été fort éprouvée pendant l'été 1913 par une abondante chute de grêle, et certains grêlons ont été ramassés qui pesaient jusqu'à 450 grammes.

Les gelées sont assez fréquentes, principalement en

janvier, où elles affectent alors à peu près tout le territoire ; en mars, avril, les régions élevées en sont encore menacées ; en mai, on ne les constate plus que dans la région montagneuse.

Les rosées ne sont pas rares aux mêmes époques et se continuent jusqu'en été ; le voisinage de la mer contribue à les rendre abondantes.

En somme, ces observations permettent de se rendre compte qu'à part quelques brusques sursauts de la température, enregistrés çà et là et à des intervalles très irréguliers, le climat de la Tunisie est un climat tempéré, et l'on peut dire avec Elisée Reclus que, dans son ensemble, il est un des meilleurs du littoral méditerranéen.

Le régime des pluies, nous l'avons vu, si variable en Tunisie avec les régions, puisque de 2 mètres d'eau en Kroumirie il tombe à 20 et 30 centimètres dans le Sahel, est le facteur le plus important qui ait influé sur le régime de la propriété. Dans le nord, des pluies régulières, permettant de cultiver les céréales et d'en tirer des revenus rémunérateurs, ont provoqué un morcellement rapide des anciens domaines. Presque partout, le sol est approprié, les grands *enchirs* (1) sont l'exception ; à peine quatre ou cinq d'entre eux dépassent-ils 3.000 hectares. Dans les bassins de la Medjerdah, de l'oued Miliane, dans la presqu'île du cap Bon, la moyenne des propriétés est de 200 à 300 hectares. Autour des agglomérations, le morcellement est plus caractérisé : les *enchirs* de 30 à 60 hectares, cultivés par leurs propriétaires, deviennent la règle ; à Souk-el-Arba, presque tout le territoire du contrôle est occupé par des propriétés de cette étendue. Au Kef, elles comprennent 50.000 hectares. Autour de Béja, de Bizerte, elles sont très nombreuses.

(1) *Enchir*, domaine.

La culture maraîchère a contribué, elle aussi, à la division des grandes propriétés en créant le petit lot de 1 à 10 hectares ; de même, la plantation des oliviers et, tout le long du littoral du cap Bon, de Hammamet à Kelibia, sur les bords du lac de Bizerte, la culture fruitière a favorisé le développement de nombreux villages, peuplés de petits cultivateurs, de maraîchers, de viticulteurs et d'arboriculteurs.

Si l'on quitte la côte et si l'on pénètre dans l'intérieur des terres, c'est la moyenne propriété que nous rencontrons ; mais partout, dans le nord de la Régence, la propriété collective appartenant au douar, à la famille ou à la tribu a disparu pour faire place à la propriété individuelle ; les grands domaines se sont morcelés, les bénéfices réalisés par la culture des céréales ont augmenté la valeur du sol, les propriétaires ont aliéné partie de leurs terres ; à Béja, à Tébourba, à Souk-el-Arba, partout les vastes *enchirs* se sont fragmentés et la petite et moyenne propriété a remplacé la grande.

Ce mouvement de démembrement du grand domaine, qui s'est surtout manifesté de 1800 à 1860, s'est depuis ralenti. Avec l'occupation française sont apparus les procédés modernes de culture. La culture intensive a augmenté considérablement les rendements ; les colons français ont étendu petit à petit leurs achats, leurs locations de terrains ; le cultivateur indigène, qui continuait à gratter le sol avec son araire primitif, n'a plus pu soutenir la lutte ; les produits qu'il retirait de sa *mechia* (1) n'ont plus suffi à le faire vivre, lui et sa famille. Il s'est alors décidé, dans beaucoup de régions, à louer sa terre à l'étranger, même à la vendre ; il est devenu l'ouvrier du *roumi*, y trouvant, outre son avan-

(1) *Mechia :* superficie de terrain valant de 10 à 12 hectares.

tage, une sécurité insoupçonnée jusqu'alors. Beaucoup, s'obstinant à pratiquer leur culture extensive, sont devenus la proie des usuriers ; l'hypothèque s'est glissée un peu partout, les saisies judiciaires sont devenues fréquentes ; toutes ces causes ont amené un mouvement de recul de la petite propriété devant la grande, et ce mouvement est très sensible dans toute la région septentrionale : à Souk-el-Arba, à Béja, dans la vallée de la Medjerdah, à Bizerte, dans le cap Bon. En somme, ce qu'il faut retenir, c'est que, dans le nord, la majeure partie du sol est appropriée, et que la moyenne propriété de 200 à 300 hectares y domine et tend à devenir la règle générale.

Au contraire, dans le centre et le sud, nous voyons apparaître l'immense *enchir* qui varie de 10.000 à 50.000 hectares, et même 100.000, comme celui de l'Enfida.

Là, il ne tombe plus qu'une hauteur d'eau de 20 à 35 centimètres par an. La culture des céréales y est difficile ; elle est sujette à trop d'aléas, quand on songe qu'à Kairouan on ne compte qu'une bonne année sur trois, et à Sfax une sur cinq. Aussi, le sol est-il loin d'être entièrement approprié et la propriété collective de tribu subsiste-t-elle et occupe-t-elle d'assez vastes étendues. Ces terres, qui sont *habous*, c'est-à-dire affectées à des œuvres pies, sont possédées par des tribus indigènes qui les parcourent avec leurs troupeaux de moutons.

Si l'on se rapproche de la côte, où les pluies deviennent un peu plus abondantes, la propriété se morcelle. C'est que la culture de l'olivier y devient possible et que le Sahel tunisien, région peuplée de 150.000 habitants, doit à cet arbre sa prospérité, nous dirons même sa richesse.

L'appropriation du sol est déjà ancienne. La plupart

des plantations de Sousse remontent à la seconde moitié du XVIIIe siècle, au règne d'Ali-Bey ; les successions ont émietté la propriété à un point que certaines d'entre elles ne dépassent pas un demi-hectare, et que, pour la construction du chemin de fer de Tunis à Sousse, souvent il fallait, sur un kilomètre, exproprier une quarantaine de propriétaires.

De même à Sfax, reliée depuis quelques années à Sousse par une voie ferrée et où la forêt d'oliviers, plus récente que celle du Sahel, s'étend sur un rayon de 60 kilomètres autour de la ville et fait chaque jour reculer la limite du désert, la propriété indigène est très fragmentée. Les Européens, au contraire, ont acquis de grands domaines qu'ils emplantent d'oliviers.

Enfin, si nous examinons la région des chotts, qui s'étend de Sfax à la frontière tripolitaine, nous voyons que partout où il y a de l'eau c'est l'oasis, c'est la végétation luxuriante des palmiers, des bananiers, et, au-dessous, des riches cultures maraîchères, mais c'est aussi le régime de la toute petite propriété. Nulle part elle n'est aussi morcelée, et cela se comprend : le sol y est tellement fertile, que quelques ares de jardin suffisent à faire vivre une famille entière.

Nous n'avons jusqu'ici considéré la division du sol de la Régence qu'au point de vue du régime de la propriété. Voyons maintenant, et c'est ce qui nous paraît le plus utile, étant donné le caractère purement agricole de cette étude, comment on peut le partager en ce qui concerne la distribution des différentes cultures.

Il est assez difficile, pour ne pas dire impossible, d'attribuer une zone déterminée à chaque catégorie de culture. Si les céréales sont plus particulièrement cultivées dans le nord, nous voyons, dans le centre, de nombreux colons ensemencer du blé et de l'avoine, et même dans le sud quelques territoires leur être consacrés.

De même, si les terres du Sahel, du centre et du sud sont les terres de prédilection de l'olivier, nous en retrouvons dans le nord, à Tunis, à Bizerte, au cap Bon, à Tébourba, etc. Enfin, si la vigne occupe de grandes superficies dans les environs de Tunis, de Grombalia, de Bizerte, nous en voyons à Sfax, à Sousse, et quelques petites taches dans les oasis, à Gabès, à Zarzis, dans l'île de Djerba.

La culture maraîchère se développe partout où l'eau est en abondance et où des débouchés lui sont assurés, c'est-à-dire dans le voisinage immédiat des villes.

Les cultures fruitières (orangers, mandariniers, citronniers, amandiers, caroubiers, abricotiers, etc.) réussissent spécialement dans le cap Bon, à Hammamet, au Bardo et le long de la côte est de la Tunisie. Quant aux dattiers, bananiers, ils restent la spécialité du sud tunisien et de la région des oasis.

En résumé, les trois productions principales du sol tunisien étant les céréales, les oliviers et la vigne, nous pouvons, d'une façon générale, dire qu'en tirant deux lignes, l'une de Sousse à Tébessa, l'autre de Maharès à Gafsa, on circonscrit un espace qui représente plus du tiers de la Tunisie et qui a été uniquement consacré à la culture de l'olivier, les terres légères y dominant et la moyenne annuelle d'eau (300 à 450 $^{m}/_{m}$) n'y permettant pas d'autre culture rémunératrice. Toute la partie de la Tunisie se trouvant au nord de cette zone est consacrée aux céréales, et la vigne s'est particulièrement implantée sur les côtes de cette même région.

PREMIÈRE PARTIE

La Tunisie dans l'antiquité. — Les dominations carthaginoise et romaine. — Prospérité de la province romaine d'Afrique. — Causes de son appauvrissement. — Régime de la propriété sous les Romains. — Le grenier de Rome. — Les cultures et procédés culturaux des colons romains : les céréales, l'olivier, la vigne. — La leçon du passé : en quoi nous devons nous inspirer des anciens.

Le voyageur qui parcourt en touriste le bled tunisien, qu'il suive les grandes voies de communication ou qu'il pénètre au hasard dans la campagne, est frappé du nombre considérable de ruines romaines qu'il rencontre à chaque pas ; ce ne sont pas seulement les vestiges imposants attestant l'existence antérieure de fortes agglomérations, comme les ruines de Dougga, de Bulla-Regia, d'El-Djem et de tant d'autres cités aujourd'hui disparues, qui l'étonnent, ce sont surtout, en rase campagne ou sur des collines dénudées, des amas de blocs de pierre, des fragments de colonnes, des voûtes de citernes à demi-comblées, qui lui démontrent que le pays désolé et presque désertique qu'il traverse était autrefois couvert d'habitations et jouissait d'une grande prospérité.

De nombreux livres ont été écrits sur ce sujet passionnant et l'histoire de l'ancienne province romaine d'Afrique a déjà fait couler des flots d'encre. Notre intention n'est point d'aborder un sujet aussi vaste et aussi controversé, mais le but de notre ouvrage étant d'étudier le développement agricole de la Tunisie, particulièrement depuis l'occupation française, il n'est point superflu de remonter un peu aux sources et d'examiner quelle a été la situation agricole de cette province dans l'antiquité, sous les différentes dominations qu'elle a traversées, et d'en tirer, si possible, des renseignements pour l'avenir.

Comme le dit M. Gaston Boissier : « Il appartient aux archéologues, en nous renseignant sur le passé de la Tunisie, d'en préparer l'avenir. » Les archéologues ont fait revivre en partie ce passé, et les indications qu'ils nous ont fournies nous permettent d'avoir un aperçu assez précis de ce que fut l'agriculture en Tunisie sous les dominations carthaginoise et romaine.

Les Phéniciens paraissent avoir été les premiers colonisateurs de la Tunisie. D'après M. Maurice Besnier (1), les plus anciens établissements phéniciens de la Tunisie datent du XIe siècle avant notre ère. Ils trouvèrent déjà installées des tribus berbères ; les monuments préhistoriques, dolmens, menhirs, nécropoles, que l'on rencontre aujourd'hui, sont leur œuvre. Ils habitaient la Tunisie bien avant l'arrivée des premiers colons ; ils ont survécu à toutes les invasions et existent encore aujourd'hui.

Deux cités phéniciennes furent d'abord fondées : Sidon et Tyr ; puis, vers l'an 800, la princesse syrienne Elissar, la Didon de la légende, vint avec ses partisans se réfugier vers la colonie sidonienne de Combé et y fit bâtir Karthadasht, la ville nouvelle, la *Carthago* des Romains.

Du IXe au XIIe siècle, les Carthaginois subjuguèrent

(1) Maurice Besnier, *La Tunisie punique*. Compilation : *La Tunisie au début du XXe siècle*.

toute la région qui forme aujourd'hui la Régence, fondèrent dans l'intérieur de nombreuses villes et villages (Vacca, Bulla-Regia, Thubursicum, Hadrumetum), et le pays atteignit une ère de réelle prospérité. Les Berbères étaient des peuplades de pasteurs. Les Carthaginois leur apprirent à travailler le sol, à cultiver la vigne. Lorsqu'Annibal eut propagé la culture de l'olivier, de grandes plantations furent faites, particulièrement le long du rivage. Hérodote et les auteurs du IVe siècle ont décrit la richesse des ports phéniciens, des florissants *emporia* du cap Bon, du Sahel, des Syrtes, par où s'en allaient en Europe des bateaux chargés de produits africains : céréales, fruits, vins, huiles, bois de luxe et de construction.

Carthage fut avant tout une cité maritime et commerçante. Les Carthaginois furent plus des conquérants audacieux que des colons habiles. Ils inculquèrent aux peuplades berbères les premières notions d'agriculture, ils leur apprirent à se servir des instruments aratoires, ils leur procurèrent un certain bien-être en facilitant la vente de leurs produits, en créant des centres, des marchés, en traçant dans le désert des voies de communication, mais ils ne surent pas s'attacher les peuplades farouches qu'ils avaient éduquées et tenté de faire bénéficier de leur civilisation.

« Ce qui a manqué à Carthage, dit M. Besnier [(1)], c'est de faire aimer sa domination en s'associant étroitement les races moins avancées auxquelles elle apportait la lumière, c'est de la faire durer en intéressant chacun à sa défense, en donnant à ses sujets le sentiment que sa cause était également leur cause. Carthage est restée toujours, dans la Tunisie punique,

(1) Maurice Besnier, *op. cit.*

une cité privilégiée, fière et hautaine. Elle exigeait beaucoup trop de ceux qui reconnaissaient son joug. Aussi, les misères de ses derniers jours les ont-ils laissés indifférents. Et en même temps, jusqu'à la fin, elle a cru que des armées mercenaires suffiraient à la défendre et qu'avec de l'argent elle trouverait toujours des soldats. Elle a éprouvé à ses dépens que la richesse matérielle n'est pas tout. »

N'est-ce pas là une leçon de choses édifiante et intéressante au plus haut point pour notre gouverne en Afrique ?

En 146 avant Jésus-Christ, Scipion Emilien détruit Carthage et Rome réduit une partie de l'Afrique du nord en province romaine. Mais les nouveaux envahisseurs se contentent pendant longtemps d'occuper une bande de littoral, large au plus d'une centaine de kilomètres et s'étendant de Tabarca, au nord, à H^r^ Tineh (entre Sfax et Maharès), au sud. Pendant plus d'un siècle, la Tunisie est le théâtre de luttes sanglantes : guerres de Jugurtha, campagne de César contre les Pompéiens, conflits entre les partisans d'Antoine et ceux du Sénat romain. Les campagnes sont dévastées, les habitants épouvantés fuient dans les montagnes et abandonnent leurs cultures.

Jusqu'à l'avènement d'Auguste, Rome ne tend qu'à occuper solidement le pays ; « on ne cherche pas à y éveiller une vie nouvelle, on se contente de garder le cadavre [1] ».

C'est tout l'opposé d'une politique coloniale que poursuit Rome ; ses gouverneurs de province se conduisent en pillards et, de même que les seigneurs tunisiens, avant l'occupation française, n'avaient d'autre souci

(1) MOMMSEN, *Histoire romaine.*

que de faire « suer le burnous », les autorités romaines, au lieu de travailler à la reconstitution, à la renaissance de cette malheureuse contrée, contribuent les premières à l'épuisement complet du pays.

Dès l'avènement d'Auguste, Rome change complètement de tactique. Sa province d'Afrique s'est considérablement étendue et englobe, outre la Tunisie actuelle, une partie du département de Constantine. Carthage est rebâtie et ressort de ses ruines plus florissante que jamais ; le gouvernement romain s'occupe de mettre en valeur ses immenses possessions africaines.

Mais ce qu'il ne faut pas croire, c'est que Rome est arrivée d'emblée au développement économique que nous font connaître les historiens de l'antiquité et que nous laissent deviner les innombrables ruines rencontrées aujourd'hui.

Il est des gens qui s'écrient, en voyant, en Tunisie, d'immenses étendues incultes ou couvertes d'une végétation rabougrie : « Comment se fait-il que ce pays autrefois si riche est actuellement si pauvre ? Comment se fait-il que l'antique Byzacène soit aujourd'hui stérile, alors qu'elle avait autrefois une si grande réputation de fertilité ? » Et ils s'en vont proclamant la faillite de la colonisation française, en comparant les résultats obtenus jusqu'alors à ceux obtenus jadis par les colons romains.

Ils oublient que notre installation en Tunisie ne date que d'une trentaine d'années et que les Romains ont mis des siècles pour faire atteindre à leur possession africaine le haut degré de prospérité qui nous est rapporté par les archéologues. Ils oublient que nous sommes arrivés après des siècles d'abandon et de pillage, que nous avons trouvé des terres ou épuisées ou envahies par la brousse, que les voies et les moyens de communication faisaient partout défaut, que le pays était malsain, peu sûr ; ils oublient les difficultés sans nombre auxquelles ont été exposés les premiers colons et que, suivant une expression de M. Charles Tissot (1), « la terre elle-même y avait péri ».

Les débuts des Romains, si l'on en croit leurs historiens, ne furent pas des plus heureux : « Il est constant, disait M. Marcassin, dans une conférence faite en 1899 à Tunis, que la colonisation de ce pays se présentait aux Romains dans les mêmes conditions qu'elle s'est offerte à nous. Ils trouvèrent, comme nous, le mouvement commercial concentré dans les villes de la côte, principalement à Carthage, et les légions, en guerroyant contre Jugurtha, purent se rendre compte que leurs adversaires étaient bien plus de bons cavaliers que d'excellents agriculteurs (2). »

Salluste, qui écrivait juste cent ans après la prise de Carthage, témoigne que le pays était encore très frustre.

C'était une contrée rudimentaire, peu peuplée, médiocrement cultivée, habitée en grande partie par des troupeaux et des nomades.

L'auteur romain Florus, un siècle environ après Jésus-Christ, dit que Rome eût mieux fait de n'occuper jamais ni la Sicile, ni l'Afrique, et de se contenter de dominer l'Italie.

Il est permis d'en déduire que Rome ne tirait encore pas de sa colonie, à cette époque, tous les avantages qu'elle était en droit d'en attendre, et elle occupait le pays depuis déjà deux siècles et demi.

(1) Ch. Tissot, *Géographie comparée de la province romaine d'Afrique.*

(2) Marcassin, Conférence sur les administrations tunisiennes.

M. Gauckler (1) a déterminé qu'il n'existait pas, sur le sol de la Tunisie, un seul monument romain dont on puisse affirmer qu'il soit antérieur à notre ère, et que l'apogée de la province romaine d'Afrique devait être rapporté aux empereurs africains. Comme ils régnaient de 193 de l'ère chrétienne à 235, il fallut donc trois siècles et demi pour que l'Afrique romaine atteignit la prospérité dont le tableau est aujourd'hui dans toutes les mémoires.

M. Toutain (2) considère l'avènement de Dioclétien, en 284, comme le début de la décadence du pays. L'ère de prospérité s'étend donc de l'avènement de Septime Sévère, en 193, à celui de Dioclétien, en 284.

On peut donc se rendre compte que si les Romains sont arrivés à faire de la Tunisie une colonie prospère, ce résultat n'a été obtenu qu'après des siècles de tâtonnements, de travaux de longue haleine, de sérieuses difficultés et peut-être de nombreuses désillusions.

Enfin, il est une erreur que commet fréquemment celui qui, parcourant pour la première fois l'antique province d'Afrique, est frappé de la multitude des ruines et des vestiges de la civilisation romaine. Il a une tendance bien naturelle à évaluer les populations des cités disparues d'après l'importance de ces ruines, les dimensions des monuments publics, et d'en additionner les totaux pour dire ensuite : ce pays qui n'a aujourd'hui qu'un million d'habitants en avait sous les Romains huit ou dix !

Comme le fait observer M. Leroy-Beaulieu (3), dans son

(1) Gauckler, chapitre consacré à l'archéologie de la compilation officielle *la Tunisie.*

(2) J. Toutain, *Les cités romaines de la Tunisie ; essai sur l'histoire de la colonisation dans l'Afrique du nord*, 1896.

(3) Leroy-Beaulieu, *L'Algérie et la Tunisie,* 1897.

remarquable ouvrage : *L'Algérie et la Tunisie*, quand on examine l'état ancien du pays, on est victime d'un mirage. On oublie que les Romains, et les Byzantins après eux, ont occupé l'Afrique pendant huit siècles et demi environ, de 146 avant notre ère jusqu'en 698 après Jésus-Christ, et que, dans cet intervalle (qui comprend un siècle de domination vandale, de 439 à 533), il y eut beaucoup de modifications dans l'éclat et l'importance des diverses régions et plus particulièrement des villes ; les unes surgirent, d'autres disparurent, la plupart se transformèrent. On ne se rend pas compte que la période du plus haut point de prospérité de toutes n'a pas été simultanée. Même dans une même ville, des modifications se sont produites, des quartiers ont été abandonnés, d'autres sont sortis de terre, des centres se sont déplacés.

Les cités de la vallée de la Medjerdah atteignirent leur apogée au commencement du IIIe siècle, tandis que celles de la région de l'olivier n'eurent qu'un essor tardif.

M. Gauckler dit avec raison : « A supposer que l'on arrive à évaluer, avec une exactitude parfaite, la population de chaque cité, on ne peut faire le total de tous ces résultats partiels sans tomber dans une exagération évidente. »

Enfin, l'évaluation même de la population d'une ville quelconque ne peut être faite avec précision. M. Leroy-Beaulieu ramène à ses justes proportions certaines de ces estimations. « On ne peut, dit-il, juger complètement par comparaison ; les villes romaines possédaient, à égalité de population, beaucoup plus de monuments que nos villes contemporaines. Chaque petite ville romaine avait ses théâtres, ses cirques, ses arcs de triomphe. Là où quelques archéologues superficiels avaient trouvé 50.000 ou 60.000 habitants, il n'y en avait probablement que 5.000 à 6.000, étant donné la prédominance plus accentuée de la vie publique ou commune. » En somme, la population totale de la Tunisie, sous la domination romaine, peut être, d'après lui, ramenée à cinq millions et demi ou six millions d'habitants.

Quoi qu'il en soit, il est établi que Rome avait su tirer un admirable parti de cette région, et que, sous son heureuse influence, les colons romains avaient porté les bienfaits de leur civilisation des grandes forêts du nord de la province jusqu'aux confins du désert.

Il ne semble pas qu'ils aient tenté de faire une culture intensive dans la partie nord occidentale, pas plus que dans la zone saharienne. D'un côté comme de l'autre, des obstacles trop considérables les en auraient empêchés. « Aucune cité importante, dit M. Toutain (1), n'a existé dans la première de ces deux régions, où cependant les sources étaient nombreuses. » La forêt faisait échec à la civilisation, et Juvénal a parlé des montagnes boisées presque inextricables qui dominaient Tabarca. Dans la région du sud, grâce à un meilleur aménagement des eaux, les Romains purent faire vivre quelques villes florissantes, mais les ruines ne se retrouvent que dans les oasis bien arrosées, et le désert, pour eux comme pour nous, opposait son invincible stérilité.

Deux régions, autrefois comme aujourd'hui, étaient favorables à la culture : d'une part, les bassins de la Medjerdah, de l'oued Miliane et de leurs affluents, et ceux des cours d'eau qui se déversent dans la Méditerranée entre Bizerte et Sousse ; d'autre part, les plateaux

(1) J. Toutain, *Les cités romaines de la Tunisie*, déjà cité.

qui s'étendent au sud des monts de Maktar et de Kessera jusqu'à Gafsa et Moharès. C'est là que les colons romains pénétrèrent, s'installèrent et construisirent leurs centres agricoles, leurs innombrables métairies, dont les ruines si rapprochées nous frappent aujourd'hui d'étonnement. M. Toutain cite trente-sept villes dans le triangle ayant pour base une ligne allant de Bizerte à Sousse, en suivant la mer, et pour sommet l'extrémité de la vallée de la Medjerdah. Dans le bassin de l'oued Kalled, petit affluent de la Medjerdah, en amont de Testour, sur une superficie d'environ 55.000 hectares, il y avait six villes, dont trois importantes, à quelques kilomètres les unes des autres. Seule Thubursicum-Bure a survécu, mais qu'est devenue son antique splendeur, et que reste-t-il de Thugga, d'Aunobaris, d'Agbia, de Thignica, de Numiulis ? De même, dans les vallées de l'oued Mahrouf, de l'oued Jarabia, que de cités aujourd'hui disparues !

Dans le centre, si les villes étaient moins nombreuses, elles étaient étendues et très populeuses. MM. Cagnat et Saladin, dans leur voyage d'étude entre Kairouan et Gafsa et de Gafsa à Haïdra, ont relevé, outre les ruines de plusieurs grands centres comme Sufetula, Gemellœ, Thelepte, Cillium, les vestiges d'environ cent trente établissements agricoles. Dans son exploration du centre de la Régence, M. Paul Bourde (1), sans quitter la piste de trente-quatre kilomètres qui va de Kasserine à Sbeïtla, a compté trente-deux établissements encore apparents, la plupart avec plusieurs moulins et des bâtiments de ferme, quelques-uns au milieu d'un petit hameau.

(1) Paul Bourde, *Rapport sur la culture fruitière, et en particulier sur la culture de l'olivier, dans le centre de la Tunisie*, 1899.

La province romaine d'Afrique jouissait, il n'en faut pas douter, d'une très grande prospérité. Mais on a tellement répété sur tous les tons que la Tunisie était autrefois le grenier de Rome, que l'on a une tendance à exagérer tout ce qui a trait à la colonisation romaine et à se représenter le territoire entier de la province couvert de riches moissons et donnant des rendements inimaginables.

Alors, pour excuser la petitesse de l'œuvre française comparée à la colossale œuvre romaine, on s'écrie : mais, autrefois, le sol était plus fertile qu'aujourd'hui ! Les coteaux couverts de forêts influaient sur le régime des pluies et des vents, les oueds étaient plus réguliers, de nombreuses sources coulaient qui sont aujourd'hui taries ; le sol lui-même, ravagé, miné par les eaux, dévasté par les ruisseaux transformés en torrents par le déboisement, a perdu sa couche d'humus, le rocher, le tuf ont été mis à nu, la culture n'y est plus possible comme autrefois, etc. M. Bourde, dans l'admirable rapport qu'il écrivit en 1899, à son retour de mission, a mis fin à toutes ces légendes et a démontré que le sol arable n'avait point subi de modification depuis l'antiquité.

Sans entrer dans toutes les discussions qui ont surgi à ce sujet, nous résumerons en quelques lignes les conclusions de son étude. Il n'y a pas eu de déboisement général, pour cette raison que la Tunisie possède seulement deux arbres de haute futaie, le chêne-liège et le chêne-zeen, qui demandent, pour croître, les grès siliceux du nord, et qui ne pourraient se développer sur les montagnes calcaires du centre et du sud. Donc, à supposer que les collines du centre et du sud aient été autrefois boisées, elles n'auraient pu nourrir que des arbustes tels que chênes-verts, pins d'Alep, thuyas, genévriers. « C'est la nature elle-même qui s'oppose à ce qu'il y ait jamais eu, dans ce pays, de hautes et épaisses forêts. »

En ce qui concerne le régime des eaux, les ruines des travaux romains de canalisation montrent qu'ils étaient faits pour des volumes d'eau qui sont sensiblement les mêmes que ceux que les sources actuelles débitent aujourd'hui. Si certaines d'entre elles ont disparu ou diminué, c'est qu'elles ont été aveuglées, comme on l'a vu à Gafsa, à Feriana, où des travaux de restauration leur ont rendu leur débit primitif.

Si le sol arable, si la couche d'humus avaient été emportés par les torrents, on les retrouverait en quelque endroit ; or, nulle part, dans le cours des deux seules rivières importantes de la région, l'oued Bayach et l'oued Fekka, on ne remarque les énormes dépôts d'alluvions qu'aurait constitués l'humus arraché à toute une province.

Les nombreux travaux de canalisation que nous rencontrons partout n'ont jamais pu servir à irriguer les campagnes. Pour que cela ait pu être possible, il faudrait supposer que le débit des sources était beaucoup plus considérable qu'il ne l'est aujourd'hui. Nous avons vu qu'il n'avait pas changé. Comme le fait très justement remarquer M. Bourde, en totalisant le débit des sources les plus abondantes de la Byzacène, même en y comprenant les barrages qui semblent avoir existé sur certains oueds, toute cette eau suffirait à peine à l'irrigation de 7.000 ou 8.000 hectares, dans une région où 1.300.000 hectares au moins étaient mis en culture.

Nous n'irons pas jusqu'à dire, avec M. Grandeau [1], que toutes les canalisations romaines, sans exception,

(1) Grandeau, Revue agronomique du *Temps*, 19 mai 1896.

aboutissaient à des villes ; que tous les travaux hydrauliques avaient pour but unique l'alimentation des lieux habités, parfois peut-être des jardins, et qu'en conséquence les cultures qui couvraient les campagnes du centre étaient certainement des cultures non irriguées, des cultures de terre sèche.

Des études spéciales faites par MM. Saladin et le docteur Carton dans la vallée de la Medjerdah, par MM. Ducoudray, La Blanchère dans l'Enfida, par le capitaine Privé dans le bled Segui, etc., ont établi qu'il existait des travaux spéciaux d'irrigation des cultures, mais une très faible partie du sol pouvait ainsi être arrosée, et ce n'était assurément que l'exception.

La plupart des travaux aujourd'hui relevés servaient sans aucun doute à l'alimentation en eau potable des centres habités, et les bassins de décantation dont sont précédées une grande quantité de citernes sont là pour le prouver.

Tous les canaux, aqueducs, que l'on a pu suivre aboutissent d'ailleurs dans des villes, aucun d'eux ne se perd dans la campagne.

C'est aussi l'opinion de M. Blanchet[1] qui dit que : « Les Romains conservaient l'eau de pluie pour leur usage personnel ; ils construisaient de grands abreuvoirs où ils pussent abreuver les animaux qui les aidaient à labourer leurs terres ; c'est la seule utilisation de l'eau pluviale qu'ils aient tentée, c'était la seule nécessaire. Le centre de la Tunisie n'a jamais été couvert de cultures irriguées, les seuls travaux hydrauliques qu'on y relève sont destinés à l'utilisation alimentaire des eaux de pluie. »

(1) P. Blanchet, *Enquête sur les installations hydrauliques romaines en Tunisie.*

Enfin, si l'on en croit les auteurs anciens, si l'on donne confiance aux documents archéologiques et épigraphiques, il en résulte que ni le sol ni le climat de la Tunisie n'ont changé sensiblement depuis l'antiquité.

La couche d'humus n'a pas varié ; si les édifices sont parfois enterrés, c'est par leurs propres décombres ; les chaussées des voies romaines n'ont pas été ensevelies ; rien n'autorise à dire que le sol des plaines des vallées du Tell ait changé [1].

Appien, Strabon, Salluste, Procope sont unanimes à déclarer que, dans le sud et le centre, la couche supérieure du sol était sablonneuse ; elle ne retenait pas l'eau, qui s'infiltrait rapidement ; ce sol était très meuble et les vents violents le faisaient tourbillonner en tempête.

Les anciens auteurs parlent aussi de l'Afrique du nord comme d'un pays très chaud, comparable à l'Egypte avec des étés brûlants. L'eau y fait souvent défaut et les pluies y sont rares. Les orages sont fréquents et les habitants de l'Afrique redoutaient particulièrement les crues subites des rivières, les inondations et les trombes d'eau. Saint Augustin rapporte que, dans les premiers temps de l'occupation romaine, une invasion de sauterelles causa de graves préjudices aux colons.

Salluste (*Guerre d'Afrique*, xx) n'est-il pas d'une précision parfaite quand il dit en parlant de l'Afrique : « Le sol y est fertile en grains, abondant en pâturages, infécond en arbres ; les pluies et les sources y sont rares... », etc.

Tous ces renseignements nous confirment dans

(1) Jules Toutain, déjà cité, *La colonisation romaine en Tunisie.*

cette idée que le sol, le régime des eaux, les conditions climatériques n'ont pas subi de grands changements.

Il faut donc chercher ailleurs la cause de cette richesse ancienne et de cette actuelle stérilité de certaines régions de la Tunisie.

Elle est bien simple.

Les Romains étaient des cultivateurs sensés qui avaient compris que les cultures devaient être appropriées au milieu ambiant, à la nature du terrain et aux conditions climatériques. La culture des céréales était aléatoire dans le sud en raison de l'insuffisance des pluies ; ils l'abandonnèrent pour la cantonner dans le nord et certaines parties du centre. Dans la région de Sousse, de Sfax et les territoires de l'intérieur, ayant remarqué qu'en raison de la grande perméabilité du sol la pluie sitôt tombée était absorbée et emmagasinée dans le sous-sol, les premiers colons estimèrent que ce pays n'était propre qu'aux cultures à racines profondes, qu'aux cultures arbustives ; ils se mirent à planter des oliviers et, ces essais ayant réussi, ils s'y consacrèrent entièrement.

Evidemment, il leur fallut de nombreuses années, sans doute des siècles, pour arriver à constituer les magnifiques forêts d'oliviers qui, d'El-Djem, s'étendaient jusqu'à l'oued Raun, en passant par les territoires des Metellit, des Neffat et des Mehedba, sur une profondeur de plus de cent kilomètres, et dont les débris sont encore partout visibles. Mais ils y arrivèrent, et c'est la culture de l'olivier, c'est la fabrication de l'huile d'olives qui donnèrent naissance aux nombreuses agglomérations, aux innombrables moulins, dont on retrouve aujourd'hui les ruines et qui, la forêt ayant disparu sous la hache des Berbères et des Arabes, apparaissent dans l'immense plaine dénudée et brûlée comme une troublante évocation du passé.

C'est la culture de l'olivier qui fut la cause unique de la prospérité de la Byzacène, et c'est une profonde erreur de croire que le centre et le sud de la Régence furent autrefois couverts de riches moissons.

On est parti d'une idée fausse, dit M. Bourde [1] ; l'antiquité a fait à l'Afrique une réputation exceptionnelle comme productrice de céréales, on a donc étudié le centre de la Tunisie « avec cette idée préconçue que l'économie rurale en devait reposer jadis sur la production des céréales, et comme on n'y retrouvait plus les conditions agricoles nécessaires à leur culture, on a déduit que le sol et le climat en ont changé ».

On peut donc conclure, et c'est d'ailleurs l'opinion à laquelle se sont rangés la plupart des auteurs, que les Romains, après la prise de Carthage, se sont trouvés en présence des mêmes difficultés que les Français, en 1881, et que la Tunisie, comme sol et comme climat, n'a pas subi depuis eux de sensibles modifications. Si rien n'a subsisté des admirables travaux des Romains, si, de tant de siècles d'efforts, il n'est resté que des ruines à demi ensevelies dans le sable, c'est qu'après leur départ forcé, après la courte domination byzantine, se sont succédé de 698 à nos jours les nombreuses dynasties musulmanes des Aghlabites, des Fatimites, des Almohades, des Hafsides, puis des Turcs et de nouveau des Arabes, et que les tribus, qui ont vécu pendant plus d'un millier d'années sur ce pays, non seulement ont dépouillé les monuments romains de leurs colonnes, de leurs chapiteaux pour en embellir leurs mosquées, et ont enlevé les pierres pour construire leurs villes,

(1) Paul Bourde, *op. cit.*

mais aussi la belle forêt d'oliviers leur a fourni pendant de nombreuses générations et le combustible pour leur cuisine et les perches pour leurs gourbis. Non seulement ils ont anéanti ce que le génie et la persévérance romaines avaient édifié, mais ils ont saccagé, incendié ce qui avait échappé au pillage ; ils ont laissé envahir par la broussaille les vastes plaines que leurs prédécesseurs avaient défrichées et fertilisées, se contentant de semer dans quelques lopins de terre, entre les touffes de lentisque et de romarin, les quelques *ouïbas* (1) de blé, d'orge et de sorgho nécessaires à leur subsistance. « Les laboureurs ont disparu un jour, la broussaille s'est emparée d'elles (des terres) et elles n'ont plus changé depuis. Le sol actuel est certainement le même que celui que cultivaient les habitants des villes et des nombreux villages romains (2). »

M. Tissot dit également que : « C'est l'abandon de la terre que l'on peut considérer comme l'origine de l'appauvrissement actuel du sol (3). » Seulement, il en conclut que cet abandon, et aussi le déboisement des forêts par l'incendie, « ont livré les terres que ne défendait plus la main de l'homme au lavage des pluies hivernales et fait disparaître jusqu'à l'humus. » Nous croyons, avec M. Bourde, que la terre n'a pas changé de composition et que c'est à l'envahissement du sol par la broussaille plutôt qu'à l'entraînement de la terre arable par les eaux qu'il faut attribuer l'appauvrissement de la Byzacène.

Si l'on songe aussi aux invasions nombreuses qui épuisèrent le pays sans rien lui restituer, aux luttes intestines qui le saccagèrent, aux conquérants arabes

(1) *Ouïba*, mesure arabe valant envion 80 litres.
(2) Paul Bourde, déjà cité,
(3) Ch. Tissot, *op. cit.*

qui, après avoir repoussé le Berbère vaincu dans ses montagnes, firent pâturer leurs troupeaux parmi les ruines des fermes et les plantations des anciens colons, on comprendra que le pâturage ait achevé l'œuvre de destruction des massifs boisés qui avaient échappé à l'incendie et à la hache des envahisseurs. L'Arabe dans sa marche conquérante, le Berbère dans sa retraite ont fait le vide autour d'eux. « Ils consommèrent la destruction des cultures et rendirent au désert les territoires que la tenacité de Rome en avaient distraits [1]. »

Nous connaissons dès lors les causes de l'appauvrissement de la province d'Afrique. Nous savons aussi qu'elle traversa, pendant les siècles de l'occupation romaine, une ère de grande prospérité ; il est naturel maintenant, puisque cette incursion dans l'histoire n'a d'autre but que d'essayer d'en dégager des enseignements pour notre politique et notre gouverne générale en Tunisie, de rechercher par quels procédés Rome parvint à mener à bien son œuvre de colonisation en Afrique, quels furent, sous sa domination, le régime de la propriété, les modes de culture des colons et les productions du sol.

Nous avons vu que les Carthaginois n'avaient pas su s'attacher les populations qu'ils avaient subjuguées. Rome suivit une méthode tout autre, et M. Toutain [2] nous donne à ce sujet des renseignements fort intéressants.

Rome agit avec une extrême prudence. Loin de refouler dans l'intérieur du pays les anciens habitants, elle essaya de se les assimiler. Des territoires conquis, elle fit trois parts : la première devint la propriété du

(1) Marcassin, déjà cité.

(2) Toutain, *La colonisation romaine en Tunisie*. Compilation, *La Tunisie au début du XXe siècle*, 1904.

gouvernement romain et constitua plus tard la plus grande partie du domaine impérial; la seconde fut employée à l'établissement des colonies et à des concessions individuelles (la plupart furent données gratuitement aux vétérans de la conquête); le reste du pays fut laissé aux anciens habitants, Libyphéniciens et Numides. Une grande quantité de villes puniques et de tribus berbères gardèrent ainsi tout ou partie de leur territoire.

Les terres des nouveaux colons payèrent d'ailleurs les mêmes impôts que celles des anciens possesseurs du sol, sauf les terres du gouvernement, les terres italiques, qui en furent exemptées. Cette politique était déjà très habile. Rome fit plus encore. Elle demanda simplement aux habitants de reconnaître sa suprématie : « Quant à la vie privée et intime, quant aux sentiments, aux habitudes, aux traditions que tous les peuples aiment parce qu'ils les ont reçus de leurs ancêtres, quant à la religion, Rome ne s'en occupa nullement. Les Africains restèrent absolument libres d'adopter ou de dédaigner la civilisation romaine, à condition que leur attitude ne prît point le caractère d'une révolte ni d'une protestation contre la domination romaine (1). » Aucune propagande religieuse ne fut faite parmi eux, ils « continuèrent d'adorer, sous les noms latins de Saturne, Pluton, Cérès, Junon, Diane, etc., leurs anciennes divinités nationales (2). »

Pour l'administration provinciale, Rome usa de la même largesse : « L'administration provinciale fut beaucoup moins une intervention directe et incessante qu'un contrôle fait de haut (3). »

(1) Toutain, *La colonisation romaine en Tunisie*, déjà cité.
(2) *Ibid.*
(3) *Ibid.*

Les principaux fonctionnaires municipaux, d'ailleurs très peu nombreux, duumvirs, édiles, questeurs, étaient des habitants du pays. Le gouvernement romain n'intervenait que lorsque les affaires allaient mal et que l'administration municipale d'une cité laissait à désirer.

Le résultat de cette politique fut que le calme le plus parfait ne cessa de régner à l'intérieur sous cette ère de paix bienfaisante, appréciable surtout après les périodes troublées qui avaient suivi la chute de Carthage. Des campagnes se peuplèrent de colons, la sécurité était complète ; des travaux importants étaient effectués pour relier les centres agricoles entre eux et créer aux agriculteurs des débouchés pour leurs produits. La paix était si parfaite que, « dès le premier siècle après Jésus-Christ, il n'y avait plus dans l'intérieur du pays, au nord des chotts, une seule garnison : seule l'escorte du proconsul y représentait l'élément militaire [1]. »

Dans le sud, quelques postes disséminés de Gabès à Tébessa et dans les oasis de la frontière tripolitaine suffisaient à tenir en respect les hordes de pillards du Sahara, les tribus nomades et belliqueuses des Gétules et des Garamantes.

Les colons étaient d'ailleurs encouragés à travailler : leurs blés, leurs vins prenaient la route de l'Italie où ils se vendaient bien ; leurs huiles étaient recherchées à Rome et à Constantinople. Nous verrons tout à l'heure quelle était la participation de la province d'Afrique à l'alimentation de Rome.

Il semble que le régime de la grande propriété ait été la règle pendant l'occupation romaine. Pline rapporte que l'empereur Néron fit tuer les six propriétaires qui

(1) Toutain, *La colonisation romaine en Tunisie, op. cit.*

possédaient la moitié de la province et confisquer leurs biens. Plus tard, Frontin parle d'immenses territoires (*saltus*), aussi grands que ceux des cités, possédés par de simples particuliers. Il est probable que lorsque le gouvernement romain voulut récompenser ses vétérans, il leur donna de grandes étendues, d'autant plus généreusement que ces terres étaient complètement en friches et ne lui coûtaient rien. D'autre part, le domaine de l'empereur était très vaste et, pour le mettre en valeur, on le louait pour cinq ans à des fermiers généraux (*conductores*) qui en exploitaient une partie directement et qui sous-louaient le restant à de petits cultivateurs.

En somme, la situation n'était pas très différente de celle d'aujourd'hui. Il y avait un peu partout de très grands domaines, mais beaucoup de petits fermiers louaient des propriétés de moyenne étendue et, autour des agglomérations, c'était la petite culture qui dominait. Le petit colon soignait lui-même son champ. Les esclaves fournissaient la main-d'œuvre pour la grande et la moyenne culture et travaillaient sous la direction d'un intendant (*villicus*) ; s'ils ne suffisaient pas, on trouvait dans la région des ouvriers agricoles.

M. Beaudouin donne, au sujet de la mise en valeur des grands domaines, impériaux ou privés, les renseignements suivants : « Le sol était cultivé par des paysans appelés *coloni*, qui étaient tenus de donner soit aux propriétaires, soit à leurs représentants, intendants ou principaux locataires, une partie de leurs récoltes ; ils devaient, en outre, un certain nombre de journées de travail ou de corvées, destinées à la mise en valeur de la partie du domaine dont le propriétaire s'était réservé la jouissance exclusive. Autant que nous pouvons le savoir, ces colons étaient, au moins pendant les premiers siècles de l'Empire, les anciens possesseurs du sol qui avaient perdu la propriété de leurs champs, mais qui avaient gardé, moyennant certaines redevances et sous certaines conditions, le droit peut-être héréditaire de les cultiver et d'en récolter les produits [1]. »

Cette association du propriétaire et de l'ouvrier rappelle par plus d'un côté le *contrat de Khamessat* qui lie aujourd'hui beaucoup de cultivateurs tunisiens aux détenteurs du sol et dont nous reparlerons au cours de cette étude. Relativement aux productions de la terre et aux modes de culture, MM. Toutain, Tissot, Pigeonneau nous renseignent abondamment.

La Tunisie était, pour le blé, non pas le grenier, ce qui laisserait supposer qu'à elle seule elle alimentait la métropole, mais un des greniers de Rome. D'après M. Pigeonneau [2], il y avait, sous la République romaine, trois provinces désignées sous le nom de « provinces frumentaires » : la Sicile, la Sardaigne et l'Afrique carthaginoise (Zeugitane et Byzacène). A elles trois, elles devaient fournir à l'*annone* tous ses approvisionnements. Sous Auguste, l'Egypte leur fut adjointe. L'*annone*, qui provenait des dîmes perçues sur les propriétaires de ces contrées, correspondait à 2.396.000 hectolitres, environ la moitié de l'approvisionnement total de Rome. Plus tard, la Sicile cessa d'être soumise à l'*annone*, et la Sardaigne ne fournit plus que de faibles ressources. L'Egypte et l'Afrique carthaginoise restèrent donc les deux provinces nourricières de Rome, et l'on évalue que, sous les Flaviens, l'Egypte fournissait un tiers de l'*annone* et l'Afrique les deux autres tiers.

(1) Beaudoin, Conférence sur les grands domaines de l'Empire romain, Paris, 1899.

(1) Pigeonneau, *L'annone romaine et le corps des naviculaires* (extrait de la *Revue de l'Afrique française*).

Comme qualité, les blés d'Afrique venaient de suite après ceux d'Italie. Ils occupaient, dit Pline, le premier rang au point de vue de la pesanteur spécifique du grain et donnaient vingt et une livres trois quarts par boisseau, tandis que ceux de Sardaigne, d'Alexandrie, de Sicile et des Gaules pesaient vingt livres et demie à vingt livres.

Leur rendement n'était pas moins considérable. Varron cite des rendements de 100 pour 1. Pline dit que la nature a fait de l'Afrique l'empire de Cérès et que les moissons qu'elle donne suffiraient à justifier sa réputation ; il parle d'un rendement de 150 pour 1 obtenu dans la Byzacène. Strabon va plus loin encore et raconte qu'un *procurator* de la Tunisie envoya à l'empereur Auguste une touffe composée de quatre cents épis tous sortis du même grain, et Néron en reçut une de trois cents.

Hélas, ces beaux temps ne sont plus ; non seulement les rendements ont diminué, mais le poids des blés tunisiens a sensiblement fléchi depuis l'époque romaine. Cette diminution a même été constatée depuis moins d'un demi-siècle. Elle tient assurément à l'épuisement de la réserve des aliments minéraux et, comme le disent MM. Lecq et Rivière : « Sauf dans la courte période de l'occupation romaine, pendant laquelle une agriculture rationnelle paraît avoir été pratiquée, sans qu'on puisse cependant affirmer que le principe de la restitution ait été appliqué, la terre africaine a été soumise à un système d'épuisement continu (1). »

Il ne faudrait pas tenir compte de ces rendements considérables cités par les auteurs latins, qui, s'ils sont exacts, n'en sont pas moins des exceptions, pour géné-

(1) Lecq et Rivière, *Manuel de l'agriculteur algérien.*

raliser et se représenter toute la province romaine couverte de pareilles productions. Toutes les terres, même dans le nord, n'étaient pas mises en valeur.

Une loi d'Honorius, de l'an 422, montre que l'étendue des terres imposées (et seules étaient imposées les terres fertiles) était, pour la proconsulaire, d'un peu plus du tiers de la superficie totale (35 %) ; pour la Byzacène, cette même proportion se réduisait à 16,75 %, c'est-à-dire au sixième.

Les procédés de culture des céréales des Romains étaient peu différents de ceux des Arabes d'aujourd'hui.

La charrue romaine a été minutieusement décrite par Pline : c'était un araire primitif, construit sur un seul plan, et dont le soc entrant peu profondément dans le sol, ne faisait que déplacer la terre sans la retourner.

Columelle et Pline affirment que le hersage et le binage n'étaient pas pratiqués en Afrique, la clémence du ciel rendant ces opérations inutiles, et le laboureur, comme le *fellah* d'aujourd'hui, allait se reposer en attendant la moisson.

Cependant, d'après un document épigraphique, la *Table de Souk-el-Khémis*, l'opération du sarclage, destinée à faire disparaître les mauvaises herbes, aurait été pratiquée à l'époque impériale. Caton dit aussi qu'il fallait à la terre : « Labourer et puis labourer et puis fumer ; deux labours et une fumure. » Et si les Romains ont obtenu des rendements aussi considérables, ils ont dû donner à la terre d'autres travaux qu'un simple labour d'automne.

Les moissons se faisaient au moyen de la faucille (*falx messoria ou stramentaria*). Comme les indigènes aujourd'hui, les Romains ne coupaient que les épis et faisaient pacager leur bétail dans les chaumes. Le dépiquage (*tritura*) s'opérait au moyen d'une sorte de traîneau de bois (*tribulum*) monté sur de petites roues et portant à sa partie inférieure des morceaux aigus de silex ou des dents de fer. On attelait deux chevaux à cet instrument bizarre et le conducteur se plaçait dessus pour en augmenter le poids.

Comme les Arabes aussi, les cultivateurs romains cachaient leurs réserves de grains dans des cavités souterraines (*silos*) dont le fond était garni de paille et qu'ils bouchaient hermétiquement. Le blé pouvait, dit-on, se conserver ainsi pendant une cinquantaine d'années.

La mouture du blé s'effectuait au moyen de moulins rudimentaires mus soit par l'homme, soit par une bête de somme. Ce sont d'ailleurs de semblables moulins qui existent encore aujourd'hui chez les Arabes sédentaires, les nomades employant au contraire une petite meule à main.

On voit, par ces différentes explications, que l'outillage et les procédés de culture des colons romains étaient les mêmes que ceux des indigènes de notre époque, et ces derniers n'arrivent à produire que des rendements excessivement faibles, du 3 à 4 pour 1. Que nous sommes loin des rendements de 150 pour 1 dont parle Pline !

Que faut-il en conclure, puisqu'il semble établi que le climat est resté le même et que la constitution du sol n'a pas changé ?

Tout simplement ceci qu'au régime agricole excellent des Romains, les Arabes ont substitué un régime barbare. Les Romains faisaient deux labours et fumaient le sol ; ils connaissaient déjà l'efficacité des labours de printemps. Les Arabes ne fument pas et ne labourent que superficiellement au moment des semailles.

Les Romains avaient compris que tous les terrains n'étaient pas propres à la culture des céréales. Partout où elles ne venaient pas bien ils y avait renoncé et avaient planté des oliviers. Les Arabes, peuple pasteur, s'acharnèrent à la destruction systématique des plantations, et partout où des tribus nomades comme celles des Drid, des Ouled-Saïd, des Slass, des Frachich s'emparèrent du sol, les arbres furent détruits et firent place au pâturage. Puis, quels que soient la nature du sol et le régime des pluies, partout où les Arabes s'installèrent, ils semèrent quelques *ouïbas* de blé ou d'orge au milieu des buissons et des cailloux et, patiemment, attendirent qu'il plût à Dieu de faire pousser le grain.

Les Romains ne cultivaient les céréales (blé et orge), nous l'avons déjà dit, que dans les terres du nord et du centre, où la couche d'humus retenait l'humidité à la surface et où les plantes à racines courtes pouvaient trouver leur nourriture.

Partout ailleurs s'étendait la forêt d'oliviers. C'est que, par ses racines profondes, cet arbuste pouvait, en traversant la couche sablonneuse, aller puiser dans le sous-sol toujours frais l'eau des pluies absorbée aussitôt que tombée.

Depuis Hadrumète (Sousse) et Sicca-Veneria (le Kef) jusqu'aux chotts, depuis Leptis la Grande, en Tripolitaine jusqu'à Theveste (Tébessa), l'olivier étendait sa forêt de verdure.

La Tunisie est sa terre de prédilection. Il entoure tout le pourtour de la Méditerranée d'une ceinture presque continue qui n'est interrompue que par l'Egypte, où d'autres cultures plus fructueuses l'ont remplacé, sans l'exclure d'ailleurs (1).

On attribue généralement l'introduction de l'olivier en Tunisie aux premières colonies phéniciennes. Car-

(1) Tissot, déjà cité.

thage avait fait une grande part à cette culture, et Diodore de Sicile constate, dans son xxe livre, que l'armée d'Agatocle, en arrivant en Afrique, fut émerveillée par la beauté des vignobles et des plantations d'oliviers.

Comme le fait remarquer M. Charles Tissot, il serait « inadmissible que les colonics de Tyr et de Sidon n'aient pas introduit dans leurs établissements de la côte septentrionale d'Afrique unc culture que la race chananéenne avait connue dès la plus haute antiquité : tous les livres de l'Ancien Testament parlent de l'huile et de ses divers emplois. »

Une des plus anciennes colonies de la région syrtique s'appelait *Zitha* (de l'arabe *zit*, huile, *zitoun* olivier) et la légende raconte que, de cette ville célèbre par ses plantations d'oliviers, un aqueduc conduisait au port de Zarzis l'énorme quantité d'huile qu'elle produisait. Plutarque rapporte que, après la campagne de César, la ville de Leptiminus fut condamnée à payer chaque année à Rome la quantité de trois millions de livres d'huile. Cette taxe, que Leptiminus supportait à elle seule, s'appelait *oleum urbicarium*. Victor parle également de ce tribut en nature auquel la Tunisie était soumise. Une loi d'Honorius, de l'an 397, y fait également allusion.

La production en huile de la Tunisie était certainement considérable, si l'on songe que les plantations romaines s'étendaient sur une immense superficie, occupant tous les terrains quaternaires allant de Kairouan à la frontière algérienne en suivant le pied des plateaux, et de cette frontière à la mer en longeant le Djebel-Serraguia, en passant près de Gafsa et en contournant les montagnes du Maknassi, du Bou-Hedma, pour aboutir à l'embouchure de l'oued Raun (1). En somme, les anciens

(1) Paul Bourde, *op. cit.*

avaient consacré aux oliviers les terres légères, les terres rouges et maigres que les Arabes appellent *hamri* et les flancs secs des côteaux. Outre cet immense territoire, l'olivier étendait sa couronne de verdure tout le long du littoral, et les auteurs arabes rapportent que, quand les musulmans arrivèrent dans le Maghreb, on pouvait aller à l'ombre des oliviers de Tripoli jusqu'à Tanger et que les villages se succédaient sans interruption.

Et ce qui prouve l'existence de cette magnifique forêt, ce sont les bouquets d'oliviers qui ont échappé à la destruction des tribus arabes. Ce sont ces oliviers de l'espèce cultivée que les indigènes appellent *zitouns*, par opposition aux sauvageons (*zeboudj*), qui tachent çà et là l'uniformité grise du désert et qui produisent encore des fruits pendant les années pluvieuses. Ces îlots deviennent rares à mesure que l'on avance vers l'ouest et finissent par disparaître vers la frontière algérienne. Une autre preuve nous est fournie par ces nombreux moulins à huile reconnus par M. Paul Bourde, de Kasserine à Sbeïtla, et qui sont innombrables sur les plateaux du Bahirt-el-Arneb ainsi que dans toute la région adjacente du beylik de Tunis (1).

Ces moulins à huile avaient comme principal appareil un instrument minutieusement décrit par M. Tissot, et se composant de deux meules (*orbes*) en forme de calotte de sphère tournant, dans un *mortarium* hémisphérique, autour d'une colonne (*miliarum*) fixée au centre de cette cuvette. Deux hommes faisaient mouvoir cette machine. La pulpe écrasée était ensuite soumise à l'action du pressoir (*torcular*). Certes, l'huile qui sortait de ces appareils n'était pas d'une parfaite pureté, aussi

(1) Tissot, *op. cit.*

n'était-elle pas très appréciée à Rome, où elle n'était utilisée que dans les gymnases et les thermes.

Ces instruments antiques sont à peu de chose près ceux dont se servent encore aujourd'hui les indigènes qui broient eux-mêmes les olives de leurs récoltes, et l'huile ainsi obtenue n'est utilisée à Marseille que pour la fabrication du savon.

Outre ces deux principales cultures, les céréales (blé et orge) et l'olivier, les Romains connaissaient la vigne, et, si on en croit les anciens, la Tunisie aurait été non seulement le grenier, mais aussi la cave de Rome.

Son apparition semble dater des premières migrations orientales, dit M. Tissot. Pline, en parlant des anciennes colonies phéniciennes de la côte occidentale de la Mauritanie, fait remarquer que les seuls vestiges qu'elles aient laissés de leur passage étaient des plantations de vignes et de palmiers. Le cap Spartel s'appelait dans l'antiquité *Ampelusia*, « promontoire des vignes », et les monnaies de Lix, une des plus anciennes cités phéniciennes de la côte, portaient pour emblème une grappe de raisin.

Les vignes occupaient de grandes étendues de territoire et formaient la moitié des richesses des vergers de Carthage. On les cultivait également dans la partie du littoral syrtique voisine de la Cyrénaïque, particulièrement à Tacape (Gabès), où elles donnaient une double récolte, et à Tripoli (1).

Pline, Magon, Columelle nous indiquent comment les anciens plantaient la vigne. Comme le vent violent l'aurait déracinée, on laissait les pieds de vigne ramper sur le sol, comme des herbes, et Pline attribuait à ce procédé le développement extraordinaire que prenaient les grappes.

(1) Pline, *Histoire naturelle*, XVIII, li.

Magon recommandait de les planter du côté du nord. « Dans la méthode punique, dit Pline, les fosses des vignobles étaient protégées par des pierres d'une grosseur moyenne, disposées contre les parois et destinées à défendre les racines de la vigne contre les eaux de la saison des pluies et les chaleurs de l'été. Magon recommandait comme engrais le marc de raisin mélangé au fumier. Il conseillait enfin de ne combler qu'à demi, dès la fin de la première année, les fosses qui avaient reçu les plants ; ce n'était que dans le cours des deux années suivantes qu'on les remplissait graduellement. Le printemps était l'époque préférée pour la taille. On adoucissait l'âpreté du vin avec du plâtre et, dans certains cantons, avec de la chaux [1]. » M. Leroy-Beaulieu, qui rapporte ces procédés de viticulture, fait remarquer qu'ils ne diffèrent guère de ceux que l'on emploie aujourd'hui dans les départements de l'Hérault, de l'Aude ou des Pyrénées-Orientales.

La province romaine possédait également des richesses forestières que certains auteurs modernes croient avoir été plus considérables que celles de la Régence d'aujourd'hui.

Hérodote, Salluste, Pline, Juvénal parlent des forêts de l'Afrique, ce dernier des bois de Tabarca, peuplés d'animaux sauvages. Corripus cite les forêts de la Byzacène.

Certes, l'abus du droit de pâturage en forêt, les incursions des Maures, les incendies, les destructions systématiques ont pu réduire quelque peu ces richesses forestières, des espèces ont pu disparaître ; mais, comme l'a expliqué M. Paul Bourde, les seules espèces de gros arbres qui semblent convenir à la nature du sol tunisien

(1) Leroy-Beaulieu, *op. cit.*

sont les chênes-liège et chênes-zeen, et encore ne réussissent-ils bien que sur les coteaux de la Kroumirie, des Mogods et des Nefzas.

Ces forêts, qui sont d'ailleurs magnifiques et qui étendent leurs futaies géantes sur plus de 100.000 hectares, comprennent les forêts des Ouchteta, des M'rassen, d'Aïn-Draham, de Fernana, de Tabarca. Ce sont certainement les richesses forestières que mentionnent les anciens, car le groupe forestier qui s'étend au sud de la Medjerdah n'est composé que de chênes-verts, de pins d'Alep, d'oliviers sauvages, de caroubiers, de thuyas et de genévriers oxycèdres.

Dans la zone saharienne, les Romains cultivaient les dattiers ; les feuilles leur servaient à tisser des nattes, des cordes, des éventails. Ils fabriquaient aussi avec les dattes un vin appelé *caryotis*, très capiteux, si l'on en croit Pline.

Ils avaient également des plantations d'orangers, de grenadiers, de figuiers, d'amandiers, en somme toutes les espèces principales que l'on rencontre actuellement en Tunisie, et comme ils les cultivaient dans les mêmes régions qui leur sont aujourd'hui consacrées, tout nous confirme dans cette opinion que le sol, la situation climatérique, le régime des eaux n'ont pas sensiblement changé, et que seuls les modes de culture et l'utilisation rationnelle du milieu n'ont pas été compris et suivis par leurs successeurs les Arabes.

Enfin, les Romains avaient doté la Tunisie d'un admirable réseau de routes habilement tracées et soigneusement entretenues. « Jamais, dit M. Toutain, les communications n'ont été plus faciles dans ce pays qu'au temps de la domination romaine (1). » De Tabarca

(1) J. Toutain, *La colonisation romaine en Tunisie.*

jusqu'en Tripolitaine, une route suivait la côte par Bizerte, Utique, Carthage, Hadrumette (Sousse), Tacape (Gabès), Oéa (Tripoli), Leptis Magna (Lebda). A chacun de ces grands ports aboutissait un faisceau de routes venues de l'intérieur. Aux ports de la Tripolitaine se terminaient les routes des caravanes qui mettaient en communication le Sahara et l'Afrique centrale avec la Méditerranée.

Il ressort de cette étude rétrospective que les colons romains savaient tirer de leur sol un excellent parti, qu'ils avaient compris qu'il leur était impossible de mettre en valeur leurs possessions africaines sans une étroite collaboration avec les indigènes, habitants du pays, et, enfin, que le gouvernement romain, tout en respectant les traditions, les usages locaux, les droits établis de chacun, avait eu une sage politique coloniale et avait puissamment contribué à l'œuvre de colonisation.

Il ne s'agit pas, bien entendu, d'imiter en tout et pour tout les anciens. Grâce aux perfectionnements quotidiens du machinisme agricole, aux progrès continuels de la science rurale, les Français peuvent et doivent faire mieux que leurs devanciers. Comme l'a exprimé très justement M. Jules Toutain : « Ce serait aujourd'hui une véritable folie que de vouloir ne faire dans le détail et dans l'application que de la contrefaçon romaine. Mais ce que nous ne devons pas négliger, ce qui doit être pour nous le bénéfice à retirer de l'expérience des Romains, ce sont les grandes idées directrices de leur politique coloniale. »

Les deux exemples que nous avons sous les yeux sont également à retenir. Les Carthaginois, dit M. Besnier (1),

(1) M. Besnier, *op. cit.*

nous montrent ce que peut l'esprit d'initiative : « Nous devons nous inspirer de leur audace en affaires, tenter comme eux des entreprises hardies, faire pénétrer très loin, à notre tour, nos mœurs, nos idées, notre culture. Mais un autre enseignement se dégage de leur histoire. Pour nous implanter à demeure en Tunisie, nous y faire accepter avec reconnaissance, et non pas seulement subir de mauvais gré, il faut nous montrer plus respectueux qu'ils ne l'ont été eux-mêmes des droits acquis et des légitimes désirs de la race indigène ; il faut que les populations soumises à notre autorité en tirent un évident bénéfice matériel et moral et se sentent vraiment solidaires de la mère patrie. A ce prix seulement nous ferons mieux que Carthage et aussi bien que Rome (1). »

Aux Romains nous devons envier leur sagesse, leur habileté politique, et surtout leur ténacité et leur inébranlable foi en l'avenir. La Tunisie était pour eux une véritable colonie d'exploitation ; ils ne cherchèrent jamais à y implanter de force leur population, à refouler les possesseurs du sol, en un mot à en faire une colonie de peuplement.

Jusqu'à présent, nous avons suivi une méthode identique; les résultats en paraissent excellents; l'expérience de trente années de protectorat, si fécondes en progrès, nous montre que nous sommes dans la bonne voie et qu'il appartient aux Français, secondés par une administration intelligente, de faire renaître la vie dans le désert et de redonner à « l'Ile de l'Occident » son ancienne prospérité et son antique splendeur.

(1) M. Besnier, *La Tunisie punique*, déjà cité.

DEUXIÈME PARTIE

L'invasion arabe. — Destruction systématique des constructions romaines, ravage des plantations, abandon des terres. — Etat lamentable de la Tunisie avant l'occupation française. — Les premiers colons français. — Les débuts de la colonisation, ses progrès de 1881 à 1912. — L'action gouvernementale. — La colonisation officielle en Algérie. — Principe de la non-gratuité des concessions en Tunisie. — La Tunisie colonie de capitaux. — Principe de l'aliénation à titre onéreux des domaines de l'Etat et remploi des prix de cette vente à de nouveaux achats de terres. — Résultats de cette pratique.

Après l'occupation des Vandales, Byzance reprit l'œuvre de Rome et se maintint jusqu'en 642, date à laquelle se produisit l'invasion des Arabes, d'abord en petit nombre, puis plus nombreux au XIe siècle, lors des invasion hilalliennes.

Aucun des historiens arabes ne signale de partage général du sol entre les envahisseurs. Ils se substituèrent en plusieurs endroits aux propriétaires et maintes tribus se firent concéder par le souverain de grands *enchirs* à titre de *nita* (fiefs). Trouvant un pays fertilisé, enrichi par des siècles d'efforts des colons romains, les Arabes conquérants s'y installèrent, et aucune limite n'étant imposée au droit du premier occupant, ils n'eurent qu'à planter çà et là quelques bornes, à cultiver quelques minuscules parcelles de leurs domaines pour avoir tous les droits des véritables propriétaires et se voir considérés comme tels par leurs coreligionnaires.

En somme, en passant de la domination romaine à

la domination arabe, le régime de la propriété ne se transforma pas ; la propriété individuelle se maintint telle qu'elle existait auparavant ; la seule modification qui se produisit fut peut-être un accroissement de la grande propriété au détriment de la petite. Les Arabes ont, de tout temps, reconnu l'autorité d'un souverain (dey ou bey) et la volonté de ce souverain passant souvent outre le droit musulman, qui protège essentiellement la propriété privée, les confiscations de biens furent fréquentes et de nombreux favoris se virent octroyer d'immenses *enchirs* au détriment des propriétaires dépossédés.

Certains jurisconsultes musulmans soutiennent d'ailleurs que la nue-propriété de tous les domaines appartient au souverain seul, et que les particuliers qui en ont la possession n'ont qu'un simple droit de jouissance (1).

Quoi qu'il en soit, les Arabes, sitôt arrivés en Tunisie, commencèrent la destruction systématique de tout ce qu'avaient créé les *Roumi*. Habitations de plaisance, fermes, monuments publics ou religieux, travaux hydrauliques, si utiles cependant, rien ne trouva grâce devant leur folie d'anéantissement. Les belles colonnes de marbre des temples et des théâtres, amenées à grand'peine de Sicile et de Sardaigne, allèrent, dans un désordre inesthétique, soutenir les voûtes bariolées de leurs mosquées, complètement édifiées au moyen des débris des monuments romains.

Les constructions renversées, ils s'attaquèrent aux plantations, et leurs propres historiens, Et-Tidjani et surtout Ibn-Khaldoun, ont relaté les dévastations des bandes arabes au moment de l'envahissement du

(1) La propriété à l'époque romaine. *La Tunisie*, t. I.

Maghreb. L'imagination populaire a conservé aussi le souvenir des immenses destructions d'oliviers et d'arbres fruitiers divers dont se rendirent coupables les Frachich, les Slass et autres tribus conquérantes. Venant des déserts de l'Arabie, habitués aux horizons sans bornes, ils refirent le désert dans leur nouvelle possession, et d'autres bandes survinrent qui continuèrent cette œuvre néfaste ; si bien qu'en quelques années l'Arabe anéantit tout ce que le génie et l'opiniâtreté de Rome avaient mis des siècles à élever.

Nous ne suivrons pas le peuple arabe depuis son arrivée dans le Maghreb jusqu'au jour où la France vint le tirer de sa torpeur.

Ce peuple aurait évolué qu'il serait peut-être intéressant de suivre ses progrès ; mais ce que l'Arabe était au VIIe siècle il l'est encore aujourd'hui, où, plus exactement, il l'était encore en 1881. Les gourbis ont peut-être augmenté en nombre et les tentes diminué à mesure que certaines tribus nomades se sont fixées au sol, mais le confortable ne s'est pas amélioré : les vêtements, les ustensiles de ménage sont restés ce qu'ils étaient en Arabie ; les mœurs, les coutumes n'ont pas changé ; la charrue arabe est toujours l'araire que lui légua le colon romain et qu'a décrit Pline ; le moulin à huile du nomade est toujours l'appareil primitif dont se servaient autrefois les Berbères ; les instruments de travail des artisans des villes, les meules du fabricant de farine, le tour de l'ébéniste et du potier, le métier du tisserand sont restés identiques aux appareils dont se servaient les artisans romains et dont tous les auteurs anciens nous ont fait le tableau.

Les Arabes, dit M. Chailley-Bert, sont, à certains égards, demeurés les contemporains des patriarches de la Bible : « Beaucoup mènent encore la pure vie pastorale et ceux qui sont arrivés à l'agriculture sédentaire en sont encore aux instruments et aux procédés primitifs. Ils n'ont ni curiosité scientifique, ni impatience d'esprit. Leur vie se passe dans des occupations qui sont une demi-paresse [1]. »

Même, le *fellah* arabe ne sut pas conserver les procédés de culture que le colon romain avait inculqués au Berbère. La loi du moindre effort étant pour lui un principe essentiel de l'existence, il s'est dit : à quoi bon labourer, fumer et ensuite labourer, alors qu'il est si simple de gratter le sol autour du douar, d'y jeter la semence et d'attendre la récolte, « *si Dieu veut en donner il y en aura toujours.* » A quoi bon perdre son temps à ramasser le fumier qui s'accumule dans les gourbis et à le transporter dans les champs. Une *demi-mechia* d'orge donnera suffisamment de farine pour fabriquer des galettes toute l'année et pour acheter quelques litres d'huile.

Et, tranquillement, l'Arabe s'accroupit contre le mur de torchis de son gourbi et reste là des journées entières, marmottant des prières, indifférent à tout ce qui se passe autour de lui, heureux de vivre, veillant seulement du coin de l'œil à ce que les bêtes du voisin ne viennent pas dans son sorgho, d'ailleurs complètement aveugle si c'est son propre troupeau qui va pâturer dans le champ du voisin.

On se rend compte qu'avec une telle mentalité, une si grande horreur du travail régulier et méthodique, un si léger souci du lendemain, l'Arabe ait laissé petit à petit son champ se couvrir de broussailles ; on comprend sans peine que les mêmes terres qui rendaient du 100 ou 150 pour 1 du temps des colons romains

(1) Chailley-Bert, *La Tunisie et la colonisation française*, 1896.

n'aient plus donné que du 2 ou 3 pour 1 une fois en sa possession.

Ajoutons à cela une administration centrale en plein gâchis, des souverains soucieux seulement de voir la *medjba* (1) tomber régulièrement dans leurs caisses pour leur permettre de satisfaire leur folie de dépenses fastueuses et rassasier l'avidité de leurs familiers, des fonctionnaires concussionnaires, des fermiers généraux et des agents beylicaux ne pensant qu'à pressurer les indigènes, des impôts exorbitants, des taxes illégales, des finances désordonnées, des budgets se bouclant au moyen de conversions forcées frisant souvent la banqueroute ; dans l'intérieur du pays une misère effroyable, des années de disette entraînant derrière elles un cortège sinistre de famine, de choléra, de typhus, une population rurale décimée par les épidémies, une mortalité effrayante du bétail, un renchérissement inouï de toutes les denrées alimentaires, on aura ainsi une idée de l'état lamentable de ce malheureux pays quelques années avant que la France ne se décidât, de concert avec l'Angleterre et l'Italie, à apporter sa bienheureuse intervention et constituer une Commission financière chargée de mettre un peu d'ordre dans les finances de la Régence.

Nous n'examinerons pas dans le détail la situation économique de la Tunisie pendant les années qui ont précédé cette intervention. Qu'il nous suffise de dire qu'en 1870, date de la formation de la Commission financière, la dette publique de la Tunisie s'élevait à cent soixante millions, alors que les revenus annuels n'étaient que de treize millions, dont les plus importants avaient été hypothéqués aux créanciers, et que la

(1) *Medjba*, impôt de capitation.

moitié de ces revenus était indispensable au fonctionnement des services publics ; que le commerce était entravé par des taxes, droits de douane intérieurs, droits d'exportation considérables, que, toujours sur le qui-vive, il se gardait des engagements à terme, et que le cultivateur, accablé d'impôts, pressuré de tous côtés, incertain du lendemain, produisait juste ce qui était nécessaire à sa propre subsistance.

La situation était tellement lamentable que les Arabes eux-mêmes, dans leur langage imagé, comparaient l'Administration de la Régence « à un navire gréé de soie et chargé de fumier ». Nous n'insisterons pas davantage sur les événements qui se déroulèrent après la chute du ministre Khérédine et qui appartiennent à l'histoire : le pillage du bâtiment français *l'Auvergne*, l'agression des marins du *Forbin* par les soldats tunisiens, les manœuvres frauduleuses de Youssef-Lévy contre la Société marseillaise de l'Enfida, le massacre de la mission Flatters dans le sud oranais qui réveilla le fanatisme des indigènes, les descentes des Khroumirs de leurs montagnes et leurs actes de banditisme, tous ces faits obligèrent le gouvernement français à intervenir énergiquement, et le traité du Bardo, connu aussi sous le nom de traité de Kassar-Saïd, vint établir, le 12 mai 1881, le protectorat de la France sur la Régence de Tunis.

Nous avions déjà des intérêts engagés dans ce pays bien avant 1881 : la restauration des aqueducs romains, la construction de routes, de ponts, avaient amené en Tunisie des ingénieurs français. La Compagnie des Batignolles avait négocié avec le bey de Tunis l'obtention de la concession des chemins de fer qui devaient relier la vallée de la Medjerdah à la ligne de Bône-Guelma. En même temps, MM. Géry et Lemaire, qui s'étaient occupés des démarches au nom de cette Compagnie, avaient réalisé l'achat d'un grand domaine à l'Oued-Zergua et avaient commencé à y planter de la vigne. Enfin, à peu près à la même époque, M. Géry, au nom de plusieurs financiers marseillais, avait acquis du général Khérédine son domaine de l'Enfida et, un peu après, celui de Sidi-Tabet, mais les difficultés politiques ne leur avaient point encore permis de les mettre en valeur.

A part ces deux ou trois tentatives de colonisation, le pays était resté dans cet état de marasme que nous avons signalé précédemment. Rien n'avait été tenté pour faire revivre les terres tunisiennes autrefois si fécondes. Les Berbères, héritiers de la science rurale des Romains, avaient fui depuis longtemps devant l'invasion arabe et s'étaient réfugiés dans leurs montagnes de l'Aurès et du sud tunisien, où ils avaient conservé, « mais sur des espaces bien restreints, leurs cultures en même temps que leurs méthodes et leurs traditions agricoles ; pendant ce temps, le conquérant nomade faisait paître ses troupeaux parmi les ruines des fermes et des jardins des anciens colons, et le pâturage achevait l'œuvre de destruction des massifs boisés qui avaient résisté aux luttes intestines et aux invasions [1] ».

Il faut cependant signaler les essais de rénovation que firent les Maures andalous dans le nord et le nord-est de la Régence, à Raf-Raf, à Porto-Farina, à Hammamet, à Nabeul, où leurs jardins bien cultivés, étagés sur la côte, arrosés avec soin, fournissaient d'abondants revenus.

(1) MARCASSIN, Conférence sur les administrations tunisiennes, 1899, déjà cité.

Il faut rendre hommage aussi à la mémoire d'un grand homme d'Etat tunisien, le général Khérédine, qui, de 1874 à 1879, avait essayé d'encourager le développement de la petite culture en faisant vendre aux indigènes, moyennant une rente annuelle de 21 francs, des petits lots de terrains variant de 14 à 18 hectares, situés au Fahs, sur les domaines de l'Etat. 24.000 hectares de terres cultivables avaient été ainsi acquis par 150 familles (1).

Enfin Ali-Bey, qui régna de 1759 à 1782, avait entrepris la reconstitution de la forêt d'oliviers du Sahel de Sousse, et Khérédine avait employé son intelligente activité à faire replanter les magnifiques olivettes de Sfax.

Toute la vie était condensée sur la côte, de Bizerte à Zarzis. A l'intérieur, dans le centre, à peine çà et là des fonds de ravins avaient échappé à l'invasion et conservaient quelques oliviers et quelques maigres cultures. Dans le sud, le sol des oasis était seul exploité. Dans le nord, de grands domaines appartenant à de riches familles, qui en faisaient cultiver une partie par des *khammès* (2) et qui arrivaient à peine à produire 4 ou 5 quintaux de blé à l'hectare sur des terres qui aujourd'hui en rapportent 15 et même 20. L'Etat et l'Administration des *habous* possédaient de riches propriétés, mais ils les louaient pour une année, et cette trop courte location paralysait toute amélioration culturale.

Telle était la situation générale du pays quand arrivèrent les premiers colons. Elle n'était certes pas des plus encourageantes, et, sans compter les difficultés

(1) *La Tunisie*, t. I, 1900.
(2) *Kammès*, métayers au cinquième, voir pages 107 et suivantes.

sans nombre auxquelles ils allaient être exposés et tenant à ce fait que rien n'était encore organisé : ni administration intérieure, ni justice, ni régime de la propriété foncière, il n'y avait ni routes, ni pistes, ni voies ferrées ; les moyens de communication étaient pénibles, les centres espacés, les terres elles-mêmes ou envahies par la broussaille ou mal cultivées, maltraitées depuis des siècles, étaient à demi-épuisées. Avant de songer à récolter, il fallait défricher, remettre le sol en état de produire, et, pendant des années, il était inutile et vain d'espérer en retirer un profit quelconque.

Comme d'autre part le gouvernement, désireux de ne pas retomber dans les errements et les difficultés auxquels avait donné lieu la colonisation de l'Algérie, avait nettement posé en principe qu'il ne ferait pas de colonisation officielle et qu'il ne serait pas accordé de concessions gratuites, les cultivateurs sans ressources se trouvèrent par là même écartés et seuls les colons munis de capitaux vinrent s'installer en Tunisie. Plus tard, quand nous en serons arrivés à l'étude de la participation du gouvernement à l'œuvre de colonisation, nous examinerons plus longuement quels ont été les résultats de cette politique.

Aujourd'hui, après trente-deux années d'occupation du pays, nous voyons les choses sous un tout autre aspect que ne les voyaient les administrateurs de 1881. Des faits nouveaux se sont produits, des courants d'immigration ont eu lieu contre lesquels il nous a été impossible de résister ; la question du peuplement français, qui se pose aujourd'hui avec tant d'acuité et qui ne doit laisser aucun Français indifférent, demande une solution urgente ; des hommes énergiques, et je citerai en particulier M. Jules Saurin, l'éminent directeur de la Société des fermes françaises, s'en sont fait les fervents apôtres.

Les difficultés qui s'opposaient, après l'occupation, à l'installation du petit cultivateur ont été aplanies, du moins celles qui subsistent peuvent-elles l'être facilement. Nous reviendrons d'ailleurs sur cette question digne d'intérêt; mais, pour l'instant, et nous en sommes au lendemain du traité du Bardo, il était nécessaire de se décider pour tel ou tel système de colonisation et ne pas s'éterniser en des essais, des errements, essentiellement préjudiciables au développement de toute nouvelle colonie. L'exemple de l'Algérie était encore tout frais. Ne pouvait-on faire mieux ? Ce qu'il fallait avant tout, c'était poser la première pierre d'un édifice destiné à subsister des siècles et ne pas perdre de vue que c'était de la stabilité de cette première pierre que devait dépendre la solidité de l'édifice tout entier.

Comme le disait très bien M. Marcassin : « Pour faire une œuvre durable, il fallait l'asseoir sur des bases sérieuses, et c'est parce qu'ils n'ont pas voulu marcher à l'aveugle et bâtir sur le sable que les premiers administrateurs n'ont pas lancé, dès le lendemain de l'occupation, un système tout fait de colonisation ; sagement, mûrement, le gouvernement préparait l'avenir. »

Les faits ont prouvé qu'ils avaient agi avec sagesse et les progrès rapides de notre nouvelle colonie agricole, sa marche ascendante vers une ère de prospérité générale, son merveilleux développement économique sont là pour nous montrer que l'édifice a été solidement construit et pour nous faire apporter, à nous Français

(1) Marcassin, déjà cité.

de Tunisie qui habitons cette nouvelle patrie, prolongement de la grande, notre tribut de reconnaissance aux grands ouvriers de la première heure.

Nous avons vu qu'avant même l'arrivée des troupes françaises quelques capitalistes avaient déjà acheté des domaines, mais ils étaient peu nombreux, et l'insécurité du *bled*, l'ignorance du pays et de ses ressources, les difficultés d'acquérir des terres, le manque d'assiette de la propriété foncière, toutes ces causes faisaient hésiter bien des esprits entreprenants à qui souriait la vie active de colon.

Les premières années furent consacrées à l'organisation intérieure, à la réfection du système financier ; mais, en 1883, Jules Ferry arrive à la présidence du Conseil des Ministres et son influence se fait aussitôt sentir. Des crédits importants sont affectés à la création de routes dans la banlieue de Tunis, l'exploitation des magnifiques forêts de chênes-liège de la Khroumirie est commencée ; la sécurité semble assurée, la dernière récolte a été splendide, quelques colons arrivent et un millier d'hectares sont achetés par des Français dans la banlieue de Tunis.

L'impulsion était donnée ; le mouvement d'immigration allait se poursuivre de plus en plus intense.

L'année suivante, 40.000 hectares de terres deviennent la propriété de nos nationaux. C'était surtout la culture de la vigne qui les attirait : on avait présentes à l'esprit les grosses fortunes réalisées par certains colons algériens, et les vins se vendaient encore couramment 30 à 40 francs l'hectolitre. Le vignoble français, éprouvé par le phylloxéra, était loin d'être complètement reconstitué, et il y avait des chances pour que les cours ne se modifiassent point d'ici plusieurs années.

Ces premiers colons, principalement des Lyonnais et des Parisiens, créèrent les vignobles du Mornag, de Crétéville, de Schuiggui, de Souk-el-Khémis. D'autres se lancèrent courageusement dans la production des céréales et, dès 1886, les vallées du Khanguet-Hadjaz et de Ghedir-Sultan commençaient à se couvrir de fermes.

40.000 hectares étaient acquis en 1884, 30.000 en 1885, 45.000 en 1886. Des routes étaient tracées ; la Tunisie était reliée à l'Algérie par la ligne de Souk-el-Arba à Ghardimaou, livrée à l'exploitation au mois de septembre 1884. La sécurité régnait. La justice française était organisée en 1883 et, en 1884, le corps des contrôleurs civils, chargé principalement de surveiller les caïds et autres chefs indigènes. Les droits d'exportation sur les céréales et les légumes étaient supprimés, les taxes de sortie sur les huiles réduites.

La plus grosse difficulté que rencontraient les capitalistes français était, pour les achats de domaines, même pour ceux dont la propriété était établie par des titres arabes, l'indication trop sommaire des limites, l'absence de cadastre et de plans, les défectuosités du régime hypothécaire. La loi du 1er juillet 1885, œuvre de M. Cambon, inspirée de l'*Act Torrens* de l'Australie du sud, vint créer la procédure de l'*immatriculation*, qui consiste dans l'inscription de la propriété et des droits réels qui l'affectent sur les registres publics de la Conservation foncière, à la suite d'une procédure rendue par une juridiction spéciale : le Tribunal mixte.

Cette procédure, qui avait pour avantage d'établir la stabilité du fond, d'en faciliter la transmission, de simplifier les transactions et d'assurer une sécurité absolue aux placements fonciers, fut suivie et complétée par les deux décrets du 18 août et du 21 octobre 1885 qui réglementèrent le contrat d'*enzel* (1) des immeubles *habous* (2).

De nombreux dégrèvements étaient consentis, en outre, en faveur des denrées agricoles. Les droits d'exportation sur les produits de la minoterie et les ouvrages en alfa étaient supprimés. Les instruments agricoles, charrues, herses, semoirs, faucheuses, moissonneuses, batteuses, etc., étaient admis en franchise.

L'année 1886 voit la création de la Conservation de la propriété foncière, du Service topographique. La loi immobilière de 1885 est rendue exécutoire sur tout le territoire de la Régence à partir du 15 juillet 1886. Un fonds de réserve est créé la même année avec une première dotation de dix-huit millions de piastres, placées en valeurs d'Etat tunisiennes ou françaises, dont les intérêts viennent s'ajouter au capital.

La viticulture est affranchie de toutes charges fiscales (décret du 5 janvier 1886). Le vignoble passe à 2.130 hectares, dont 240 sont déjà en rapport. Le commerce extérieur s'élève à 80.927.594 piastres (3), dont 33.430 (?) pour l'exportation.

M. Massicault, qui succède en 1887 à M. Cambon à

(1) *Contrat d'enzel.* Acheter une propriété à enzel, c'est l'acheter moyennant une rente fixe et perpétuelle. Cet achat a l'avantage, pour l'acheteur, de ne pas immobiliser immédiatement ses capitaux et de lui permettre de les employer pour la mise en valeur de son exploitation. Avant 1905, le rachat de la rente d'enzel était subordonnée au consentement du créancier ou crédi-enzeliste, qui pouvait toujours s'y refuser, d'où charge perpétuelle. Un décret du 22 janvier 1905 a remédié à cet état de choses en donnant au débiteur le droit de se libérer de son enzel moyennant le paiement d'une somme égale au montant de vingt annuités.

L'enzel a été surtout usité pour l'achat et la mise en valeur des biens *habous*.

(2) ***Habous***, immeubles dont la nue-propriété est cédée irrévocablement à une œuvre pie ou de charité, et dont l'usufruit est dévolu aux personnes ou à la succession des personnes désignées par le constituant.

(3) La piastre vaut environ 0 fr. 60.

la tête du gouvernement de la Régence, continue son œuvre et s'occupe de hâter les progrès agricoles de la Tunisie. Il dote le pays d'un Service de l'agriculture, de la viticulture et de l'élevage, puis crée le Laboratoire de chimie agricole, diminue les droits d'exportation sur le bétail, unifie et réduit les droits de *mahsoulat* (1) sur les céréales, les fruits et les légumes, porte le fonds de prévoyance à 20.500.000 piastres, organise en 1888 un concours agricole à Tunis qui réunit près de 200 chevaux, 800 bovins, 200 ovins et camelins, 600 numéros de produits agricoles et 600 numéros de machines. Si l'on songe que notre colonie n'a que sept années d'existence, ces résultats sont magnifiques.

Le domaine de nos compatriotes, à la fin de l'année 1888, est de 300.000 hectares dont 3.300 consacrés à la vigne. La récolte des viticulteurs a été de 14.400 hectolitres qui se sont vendus de 20 à 30 francs l'hectolitre pris à Tunis.

En 1889, la Tunisie figure avec gloire à l'Exposition universelle de Paris et obtient 234 récompenses sur 362 exposants.

Des champs d'essais et d'expériences sont créés chez certains colons du nord de la Régence ; des distributions de semences sont faites aux indigènes en même temps que des instruments de labour perfectionnés sont mis à leur disposition. Un décret du 9 juillet 1889 crée le Syndicat général et obligatoire des viticulteurs.

La récolte de 1890 est abondante ; les colons affluent. La Direction de l'agriculture est créée par le décret du 3 novembre 1890 ; elle comprend dans ses services l'inspection de l'agriculture, de la viticulture, du service vétérinaire et de l'élevage, le laboratoire de chimie

(1) Droits de *mahsoulat* : droits d'octroi.

agricole et industrielle, le service des renseignements agricoles, etc. Le même décret instituait une Caisse de l'agriculture qui allait être organisée définitivement, par le décret du 1er décembre 1897, sous le nom de Caisse de colonisation et de remploi domanial.

La promulgation de la loi sur l'immatriculation foncière a produit l'effet que l'on attendait d'elle. En 1890, 505 propriétés sont entre les mains des Français ; elles occupent 359.000 hectares.

Le commerce, de son côté, subissait une énergique impulsion par la promulgation de la loi du 19 juillet 1890, qui accordait l'entrée en franchise en France aux céréales en grains, aux huiles d'olives et de grignons, aux grignons d'olives, aux animaux des espèces chevaline, asine, mulassière, bovine, ovine, caprine et porcine, et à certains autres produits déterminés, pour des quantités que le Président de la République devait chaque année fixer par un décret rendu sur la proposition des Ministres des Affaires étrangères, des Finances et du Commerce.

Les viticulteurs voyaient aussi les droits de 4 fr. 50 perçus sur les vins à leur entrée en France remplacés par un droit de 0 fr. 60 par hectolitre pour les vins de raisins frais, tant que le titre ne dépasserait pas 11°9 ; au-dessus, ils devaient payer une taxe supplémentaire de 0 fr. 70 par degré. Tous les autres objets étaient soumis au tarif minimum.

Le résultat de cette loi n'allait pas tarder à se faire sentir : le commerce extérieur de la Tunisie, tant importations qu'exportations, qui s'élevait de 1875 à 1880 à vingt-trois millions de francs, et de 1887 à 1889 à cinquante millions environ, était en 1891 de soixante-dix-sept millions de francs et allait se maintenir à ce chiffre élevé jusqu'en 1894.

De plus, les exportations de la Tunisie, qui avaient toujours été inférieures aux importations, allaient pour la première fois, en 1890, leur être supérieures.

Le gouvernement comprenait que la colonisation de la Tunisie devait être essentiellement agricole et que le développement commercial et industriel ne pouvait être que le corollaire du développement agricole. Il abordait la colonisation officielle, non pas en distribuant gratuitement des lots comme en Algérie, mais en encourageant l'agriculture, en favorisant l'arrivée des nouveaux colons, et la création de la Direction de l'agriculture, les nombreux services qui lui étaient adjoints, l'organisation d'une Caisse de colonisation et de remploi domanial témoignaient de cette préoccupation primordiale et de cette intelligente sollicitude.

Aussi, la colonisation allait-elle faire de rapides progrès.

A la fin de l'année 1895, l'étendue des propriétés rurales appartenant aux Européens était de 493.737 hectares, sur lesquels 436.535 étaient entre les mains des Français.

En 1896, le nombre de nos compatriotes en Tunisie se livrant à l'agriculture était de 2.030. Les petits colons commençaient à arriver. La Direction de l'agriculture délivrait des billets d'émigrants à tarif réduits, le Service des renseignements se mettait à leur disposition pour leur fournir toutes les indications utiles.

La vigne produisait moins d'engouement qu'au début. On se portait davantage vers la culture des céréales et vers l'élevage. Medjez-el-Bab, Chaouat-Mégrine, Mateur, Béja commençaient à devenir des centres agricoles importants.

Dans le sud, la mise en vente par l'Etat des terres à

bon marché (terres sialines) venait encourager la reconstitution des forêts d'oliviers de Sfax.

Le jardin d'essais, récemment créé, livrait chaque année aux colons des milliers d'arbres fruitiers ou d'ombrage ainsi que des plants de toutes sortes. Des routes bien entretenues reliaient déjà les principaux centres les uns aux autres ; le réseau empierré atteignait déjà 1.516 kilomètres. Le Service des postes et télégraphes, de son côté, contribuait à tirer de leur isolement les colons européens en multipliant ses lignes et ses bureaux de distribution.

En 1900, les surfaces ensemencées sont de 429.288 hectares pour le blé, 430.137 hectares pour l'orge, 8.012 hectares pour l'avoine.

L'élevage a fait de rapides progrès. Des *stud-book* ont été organisés ; d'importants troupeaux de moutons à queue fine ont été constitués, des postes de vétérinaires sanitaires créés.

Le commerce des exportateurs est passé à 42.560.191 francs.

Le total du commerce extérieur s'élève à 104.074.433 francs.

La Tunisie a figuré à l'Exposition universelle de Paris de 1900 et, sur 550 exposants, a obtenu 346 récompenses. Parmi les classes les plus richement dotées et les mieux récompensées sont venus en tête les matériels et procédés agricoles, l'agronomie et la statistique agricoles, les vins, les céréales, etc.

Le mouvement des achats de terre ne se ralentit pas, le Domaine poursuit la reconnaissance de nombreuses propriétés. Il fait, de concert avec l'Administration de la Djemaïa, conformément à un décret rendu en 1898, expertiser des domaines, et il utilise la main-d'œuvre pénitentiaire au défrichement des terres incultes qu'il revendra ensuite aux colons européens. Le décret du 9 octobre 1910 a réduit les droits de mutation des biens de colonisation de 4 à 2 %.

Les immatriculations deviennent de plus en plus fréquentes. Les centres agricoles de Foum-Tatahouine, de Ben-Guerdane sont en voie de formation. Un Service de colonisation a été institué en 1898 à la Direction de l'agriculture et du commerce, avec mission d'aider au développement de la colonisation en Tunisie ; une Ecole coloniale d'agriculture a été créée la même année à Tunis : une ferme, un jardin d'essais, une station agronomique, une huilerie modèle lui ont été annexés ; elle va former une pépinière de jeunes colons qui, à l'Ecole, auront reçu, outre l'enseignement de la science agricole proprement dite, de solides notions d'hydraulique agricole, de droit rural, de législation tunisienne et, de plus, ce qui est indispensable à leur future existence, de langue arabe, d'équitation, du travail de la menuiserie et de la forge.

Le vignoble est passé à 11.374 hectares de 8.998 en 1899 ; 8.900 hectares sont déjà en rapport et la récolte a donné un rendement moyen de 31 hectolitres à l'hectare.

Les olivettes ont fourni 33.998.875 litres d'huile d'olives et de grignons.

Si l'on arrive à l'année 1911, qui est la dernière année dont les statistiques officielles ont été publiées, que de progrès et quel chemin parcouru !

Alors qu'en 1897 on ne comptait encore qu'un millier de propriétés européennes, on en compte, en 1907, 1.600, d'une superficie de 637.000 hectares ; en 1911, elles en occupent 872.205.

Les surfaces ensemencées tant en blé qu'en orge, qui étaient en 1905-1906 de 823.824 hectares, sont en 1907-

1908 de 879.715 hectares, et en 1910-1911 de 1.050.400 hectares. L'avoine occupe 60.000 hectares en 1911.

Le vignoble qui, à la suite des années de mévente, avait subi une régression, depuis 1906 a repris sa marche ascendante. En 1910, il s'étend sur 15.761 hectares, en 1911 sur 16.257 ; la récolte de 1911 a donné 440.000 hectolitres.

En 1909 le nombre des oliviers de plus de vingt ans, c'est-à-dire en rapport, atteignait 7.440.933, alors qu'il n'était que de 7.347.999 en 1903. Le nombre total des oliviers recensés pendant le même laps de temps est passé de 10.489.285 à 11.428.661. La récolte en 1911 a produit environ 420.000 quintaux d'huile.

Le gouvernement a continué à favoriser et aider l'élevage. Un *stud-book* des chevaux poneys du nord de la Tunisie a été créé en 1902. En 1909, même institution pour les dérivés de la race barbe. Des étalons, des baudets du Poitou sont répartis dans les différents centres agricoles ; des primes sont accordées aux éleveurs.

L'Ecole d'agriculture a été dotée en 1902 d'un laboratoire de génie rural. Pour montrer aux indigènes les avantages de la culture française, des champs d'expériences ont été organisés ; des primes sont accordées à ceux qui labourent à la charrue française.

En 1903, un Comité consultatif a été créé auprès de la Direction de l'agriculture pour la détermination des régions à coloniser.

En 1906 a été fondé un établissement de crédit foncier qui prend le nom de Crédit foncier de la Tunisie.

Des sociétés indigènes de prévoyance et de mutualité agricoles ont été organisées dans chaque caïdat par le décret du 22 mai 1907 et, en 1911, un nouveau décret du 26 janvier leur a permis de combattre effectivement l'usure en les autorisant à consentir à leurs membres des prêts hypothécaires à long ou à court terme. La création et le fonctionnement des sociétés coopératives agricoles ont été réglés par un décret de 1907 et, en 1909, ces coopératives se sont groupées en un syndicat d'achat et de vente qui a pris le nom de l'Association agricole, et qui a contribué grandement à la diffusion de l'emploi des engrais chimiques.

L'année 1910 a vu la création de l'Expérimentation agricole, comprenant des délégués des Chambres, chargée d'élaborer le programme des recherches à poursuivre.

Le Domaine a livré à la colonisation 60 lots en 1908, 79 en 1909, 86 en 1910, 54 en 1911.

De nombreux centres agricoles se sont constitués, les uns presque entièrement peuplés de Français, comme Le Goubellat, La Mornaghia, Souk-el-Khémis, La Merdja, Maknassy ; d'autres où l'élément italien domine, tels que M'rira, Chaouat, Saïda, Sedjoumi, Bou-Ficha. Le long des voies ferrées, à côté des anciennes villes arabes, se sont élevées de prospères et déjà populeuses cités européennes ; c'est, dans la vallée de la Medjerdah, Ghardimaou, près de la frontière algérienne ; Souk-el-Arba, Souk-el-Khémis, sur la ligne de Tunis à Alger ; c'est Tébourba au milieu d'oliviers séculaires qu'ont respecté les invasions ; c'est Béja dans la fertile vallée de l'oued Béja, Béja à qui le plus grand avenir agricole est réservé.

Le commerce extérieur a subi un encouragement des plus puissants par la loi du 19 juillet 1904, qui est venue établir l'union douanière entre la France, la Tunisie et l'Algérie en ce qui concerne les céréales et leurs dérivés. Par l'effet de cette loi, ces produits supporteront désormais, à leur entrée en Tunisie, les droits du tarif minimum français, à l'exclusion du droit de circulation, qui a été supprimé. Ces céréales, farines, semoules françaises et algériennes, entreront en franchise en Tunisie et, par réciprocité, les produits similaires exportés de Tunisie en France entreront dans la métropole en franchise des droits de douane.

Un des premiers résultats de cette loi fut que la Tunisie se mit à fabriquer ses farines sur place. De nombreuses minoteries s'installèrent, et, alors qu'en 1904 on ne comptait que neuf usines à vapeur, six usines à pétrole, quatre moulins hydrauliques, cinq cent trente-neuf manèges à traction animale, traitant entre elles toutes par jour 2.547 quintaux métriques de blé, en 1905 il y avait vingt-cinq usines à vapeur, vingt-trois à pétrole, sept moulins hydrauliques et six cent vingt-six manèges qui traitaient par jour 4.796 quintaux. La puissance productive de la minoterie tunisienne a donc augmenté en une année de 2.249 quintaux métriques.

Le commerce extérieur s'élève en 1907 à 102.860.220 francs pour les importations et 103.361.061 francs pour les exportations.

En 1908, le chiffre des importations était de 123.028.142 francs et celui des exportations de 94.155.005 francs. La faiblesse relative de ce dernier chiffre tenait à la faiblesse de la récolte de 1908, contrariée par l'absence de pluies à l'automne.

En 1909, le commerce extérieur s'élève à 223.612.803 francs se décomposant ainsi : 114.446.768 francs pour les importations et 109.166.035 francs pour les exportations. Cette année 1909, la Tunisie a exporté pour 4.922.850 francs de blé, 13.497.898 francs d'orge, 6.768.688 francs d'avoine et 82.232 francs de maïs.

En 1910, les importations s'élèvent à 105.497.298 francs, les exportations à 120.401.084 francs.

Enfin, en 1911, la Tunisie a exporté pour 14.063.672 francs de blé, 20.711.502 francs d'orge et 10.788.982 francs d'avoine, formant un total de 45.564.156 francs, en augmentation de 33.863.823 francs sur les exportations de céréales de 1910.

La majeure partie de ces céréales a été expédiée en France.

Le chiffre élevé des exportations d'orge tient à ce que les cultivateurs tunisiens se sont mis à cultiver les orges de brasserie, et, en 1911, l'Angleterre a acheté à la Tunisie 563.109 quintaux d'orge, d'une valeur de 8.868.967 francs.

La Tunisie a en outre exporté en 1910 pour 15.109.990 francs d'huile d'olives, représentant 10.073.327 kilogr., et 231.587 hectolitres de vins d'une valeur de 6.947.610 francs.

En 1911, 3.255.274 francs d'huile d'olives représentant 2.170.183 kilogr. (récolte déficitaire), et 156.673 hectolitres de vins dont 151.660 hectolitres pour la France.

Le commerce extérieur global de la Tunisie en 1911 s'élevait à 265.344.239 francs se décomposant ainsi : 143.460.814 francs pour les exportations et 121.683.425 francs pour les importations.

Si l'on songe que la Tunisie n'exportait, vers 1883, que pour 4.000.000 environ de marchandises, on voit quels admirables progrès ont été réalisés en moins de trente années.

L'intervention gouvernementale a continué à se manifester par d'heureuses innovations : à l'Ecole coloniale d'agriculture étaient créées des stations expérimentales de physiologie végétale, de génie rural, d'hydraulique agricole, de parasitologie végétale, des chaires de chimie agricole, de technologie et de viticulture. La ferme annexe était développée ; des stations culturales étaient créées sur la demande de la Commission technique à Béja, à Sfax. Cette dernière ville était de plus dotée d'une station entomologique chargée de porter ses investigations dans le domaine de l'oléiculture.

Dès 1911, l'étude des sortes pédigrées de céréales (blés durs, blés tendres, orges escourgeons, orges de brasserie, etc.) était poursuivie à la station de physiologie végétale de l'Ecole d'agriculture, et différentes espèces étaient cultivées à la ferme-école et dans les champs d'expériences ; près de 350 quintaux de grains sélectionnés pouvaient être répartis entre 60 colons français et un nombre égal de cultivateurs indigènes.

Le chiffre d'affaires de l'Association agricole de la Tunisie et des coopératives locales qui en dépendent passait de 525.000 francs à 1.922.581 francs.

La Caisse régionale de crédit agricole du nord de la Tunisie réunissait dix-huit sociétés locales.

Tout en s'occupant activement, ainsi qu'on vient de le voir, de faire progresser l'agriculture européenne dans la Régence, l'Administration ne négligeait pas l'agriculture indigène ; en 1911, une commission composée de techniciens, de fonctionnaires et de notables du pays était instituée, avec mission de se renseigner sur les besoins de l'agriculture indigène et de rechercher les moyens de les satisfaire. Des séries de conférences faites en langue arabe étaient organisées les jours de marché dans certains centres, afin de donner aux fellahs des conseils et des notions élémentaires de science agricole. Des graines sélectionnées étaient mises à leur disposition, afin qu'ils se rendissent compte, par leur propre expérience, de la supériorité des semences adaptées aux conditions locales de climat et de sol sur les semences non triées qu'ils employaient auparavant.

Enfin, des crédits importants (200.000 francs en 1910, 100.000 francs en 1911) étaient votés pour la construction de routes nouvelles.

Béja était reliée à Mateur par une ligne de chemin de fer ; une nouvelle ligne destinée à desservir les centres des Nefzas était mise à l'étude.

Par cet exposé un peu aride des progrès de la colonisation et du développement économique de la Régence depuis 1881, nous avons pu nous rendre compte que l'intervention gouvernementale n'avait cessé un instant de se manifester de la façon la plus large et la plus efficace.

Sans entrer dans le détail, et dans ses grandes lignes, nous plaçant uniquement au point de vue de la méthode de colonisation employée, nous allons essayer de préciser cette action gouvernementale et d'en dégager les avantages et les inconvénients.

M. Leroy-Beaulieu distingue deux catégories de colonies : les colonies d'exploitation et celles de peuplement. Dans les premières, dit-il (Indes orientales, anglaises, Java), « le peuple colonisateur apporte ses capitaux, sa direction politique et économique ; il ne cherche pas à remplacer la race indigène par une immigration de ses propres nationaux : il respecte et conserve autant que possible l'organisation sociale des natifs. »

Dans les colonies de peuplement, au contraire (Canada, Australie), « le peuple colonisateur cherche surtout à implanter sa race, à créer une société analogue ou même identique à celle de la mère patrie : il absorbe toute la vie économique du pays, il s'approprie les terres et, peu à peu, il évince complètement les natifs qui, d'ailleurs, dans ce genre d'établissement, sont peu nombreux, clairsemés et n'ont qu'un embryon de civilisation (1) ».

Lequel de ces deux systèmes de colonisation allait convenir à la Tunisie ? Nous nous trouvions, nous autres envahisseurs, en présence d'une population peu nombreuse, — d'un million d'habitants environ, — clairsemée dans le centre et assez dense sur le littoral, mais différant totalement de la nôtre non seulement par le langage et le costume, mais surtout par les mœurs, les traditions, la religion. Le sol était approprié presque partout soit par de riches propriétaires qui le mettaient en valeur au moyen de *khammès*, soit en indivision par les membres d'une même famille, soit par des tribus qui y faisaient paître leurs troupeaux. Les uns comme les autres avaient de leur droit de propriété le sentiment le plus exact et le plus absolu, et la législation musulmane était pleine de sollicitude pour sauvegarder le parfait exercice de ce droit. Nous arrivions comme des protecteurs, et le traité du Bardo le stipulant, nous ne pouvions nous conduire comme des conquérants et notre première obligation était de respecter les traditions locales, les coutumes, les droits acquis de nos nouveaux protégés. Ce qui montre bien que c'était là notre souci dominant, c'est qu'un de nos premiers actes était de laisser au souverain du pays, au bey, sa souveraineté, nous contentant de la soumettre au contrôle d'un résident général.

C'était déjà d'une heureuse politique et le gouverne-

(1) Leroy-Beaulieu, *L'Algérie et la Tunisie*, déjà cité.

ment du protectorat, en agissant ainsi, en conservant les lois et les chefs des indigènes, faisait, suivant une expression du cardinal de Lavigerie, « l'économie d'une guerre de religion ».

Les musulmans, a dit Jules Ferry, « n'ont pas la notion du mandat politique, de l'autorité contractuelle, du pouvoir limité, mais ils ont au plus haut degré l'instinct du pouvoir juste. C'est ici qu'apparaît le trait caractéristique du protectorat : les réformes s'y font par en haut, par la grâce du maître obéi, du pouvoir national et traditionnel, et ce qui descend de ces hauteurs ne se discute pas ».

L'instinct du pouvoir juste c'est, en effet, et nous avons pu personnellement nous en rendre compte souvent, le trait essentiel du caractère arabe. L'indigène peut être dépossédé, condamné, incarcéré, si cette mesure émane d'une autorité reconnue, respectée ou redoutée, si elle est juste, il s'incline et dit simplement : « *mektoub* », c'était écrit ! Mais l'injustice, l'abus de pouvoir, la vexation inutile le font se rebeller contre l'autorité et c'est alors que, la nature primitive reprenant le dessus, l'agneau inoffensif se transforme subitement en loup. Enfin, cette race arabe, établie depuis des siècles sur le sol du Maghreb, formait une société régulière, dotée d'une certaine civilisation. « La race arabe, dit M. Leroy-Beaulieu, répugnait par ses mœurs, ses idées, sa religion à toute assimilation avec une autre race, et ce qui contribuait à augmenter encore les difficultés, c'est que la religion de cette race indigène est une religion hautement spiritualiste, dépourvue presque de toute empreinte de superstition, une religion qui, par la simplicité et la netteté toute philosophique de sa doctrine, par la pureté de ses enseignements, est douée d'une force défensive que, au point de vue humain, on peut appeler insurmontable[1]. »

Il fallait, avec un peuple semblable, agir avec ménagements, ne pas froisser sa susceptibilité, ne pas porter ombrage à ses droits, ne pas s'imposer trop ouvertement, mais se faufiler au milieu de lui « par voie d'infiltration lente », s'installer à côté de lui en respectant soigneusement ses habitudes et ses croyances, développer sous ses yeux et sans la moindre atteinte les richesses naturelles du pays en y employant et nos capitaux et notre intelligence. Ce n'était pas, suivant l'expression de M. Jules Saurin[2], « une substitution, mais une juxtaposition. » Il fallait éviter tout conflit et repousser autant que possible la contrainte, la manière forte, pour prêcher par l'exemple et la douceur. Et c'était d'autant plus le rôle de la France d'agir ainsi qu'il n'y avait pas eu, pour ainsi dire, de campagne militaire, que le pays s'était soumis volontairement, que le peuple avait assez facilement accepté notre intrusion.

Peut-on appeler une campagne la répression de la révolte de Sfax, l'occupation de Tunis et la marche militaire sur Kairouan ?

Alors que dans la colonie voisine il avait fallu batailler pendant de nombreuses années pour être maîtres du pays, alors que le régime de l'occupation militaire avait été pendant quarante ans le seul régime possible, en Tunisie, au contraire, au lendemain même du traité du Bardo, nos dirigeants pouvaient se mettre au travail et l'œuvre de colonisation pouvait être effectivement entreprise, le souci de la sécurité intérieure étant déjà pour ainsi dire écarté.

(1) LEROY-BEAULIEU, déjà cité.
(2) J. SAURIN, *L'œuvre française en Tunisie.*

Allait-on, comme en Algérie, distribuer des concessions gratuites et donner naissance au régime de l'arbitraire et du favoritisme ? Allait-on adopter ce système tout fait de conventions artificielles, d'entraves de toutes sortes, de clauses résolutoires, de demi-droits, de réglementations qui avait prévalu de l'autre côté de la frontière ? C'était imposer notre domination, c'était introduire de force notre population au milieu de la population musulmane. Pour donner des terres, il fallait s'en procurer et, dans ce pays où tout le sol était approprié, il fallait déposséder les indigènes, les obliger à céder leurs terres, procéder, comme on l'avait fait en Algérie, par le cantonnement, le refoulement des Arabes. Si un pareil système de colonisation avait pu être accepté en Algérie, c'est qu'une véritable occupation militaire avait été nécessaire et que le caractère de belligérants des Algériens avait pu, dans une certaine mesure, autoriser le cantonnement des tribus rebelles et les razzias de leurs biens, de même que, après 1871, l'insurrection qui avait éclaté en Algérie avait pu permettre au gouvernement de séquestrer les biens des indigènes qui avaient pris part au soulèvement et de se créer ainsi une nouvelle réserve de terres disponibles, son ancienne réserve étant épuisée.

Mais les inconvénients d'un tel régime étaient trop nombreux : sans parler de la manière de se procurer les terres, qui est fort discutable et assurément peu digne de la part d'une nation civilisée, la colonisation officielle, ainsi qu'elle était pratiquée en Algérie, pêchait par plusieurs endroits : c'était d'abord donner naissance au règne des démarches, des faveurs, des passe-droits ; puis, ensuite, les privilégiés qui avaient pu obtenir un lot de l'Etat se voyaient astreints à toutes sortes de formalités, à une véritable sujétion administrative, avec une foule de conditions résolutoires suspendues sur leurs têtes comme une épée de Damoclès et leur rappelant sans cesse que la concession du lot n'était pas définitive, que leur propriété n'était que précaire, que certaines cultures et non telles autres leur étaient permises, qu'il leur était défendu de vendre et même, jusqu'en 1881, d'hypothéquer : bref, l'initiative était bridée dès le début et le germe le meilleur de tout progrès, de toute amélioration était ainsi tué dans l'œuf.

Ce régime était d'autant moins fait pour plaire aux colons que la plupart de ces Français qui s'expatriaient venaient rechercher sur la terre d'Afrique un peu plus de liberté et d'indépendance et un peu moins de conventions et de contraintes que dans la métropole. Beaucoup étaient des hommes que la vie étroite de France étouffait, des esprits aventureux en quête d'horizons plus vastes, n'ayant pu s'habituer aux cadres trop mesquins de la civilisation européenne.

Au lieu de cette liberté entrevue, mille réglementations venaient leur tracer à l'avance leur nouvelle vie ; ils ne pouvaient pas planter leur habitation à l'endroit qui leur plaisait : le gouvernement imposait de bâtir dans une certaine limite, les obligeait de se rapprocher les uns des autres pour créer des centres de colonisation : les habitations isolées étaient presque défendues. Si ces mesures pouvaient se légitimer par le double souci de la sécurité des Européens et de la tranquillité des Arabes voisins de ces centres qu'on ne pouvait refouler à l'infini, elles n'en étaient pas moins très gênantes et très préjudiciables au progrès.

Enfin, cette colonisation officielle était très coûteuse. M. Leroy-Beaulieu estime que chaque lot revenait à l'Etat à la somme de 5.059 francs, et pour chaque personne l'habitant à 1.999 francs.

D'ailleurs le gouvernement y renonça bientôt; ses premiers lots étant épuisés, il fallait se procurer de nouveaux domaines. Il eut la sagesse de ne pas écouter les conseils de ceux qui lui proposaient d'exproprier à nouveau les Arabes et de s'approprier ainsi 300.000 à 400.000 hectares moyennant des prix dérisoires. A partir de 1884, il se décida à mettre en vente les terres du domaine public par voie d'adjudications et ce système a parfaitement réussi.

On le voit, la colonisation officielle n'est pas la forme idéale de colonisation. Tant s'en faut ! Sa portée est assez restreinte puisqu'en Algérie, suivant M. Leroy-Beaulieu, 47 % seulement des familles concessionnaires venant de France sont restées sur leurs terres. D'après M. Saurin, « sur 13.301 chefs de famille installés de 1871 à 1885, on en retrouve encore, en 1905, 5.180 en possession de leurs lots ; 8.110 avaient vendu les leurs, 3.740 les avaient cédés aux colons voisins, et 4.370 à de nouveaux détenteurs, presque tous Français [1]. »

Mais ce que l'on ne dit pas, c'est que, dans beaucoup de régions, les propriétaires arabes eux-mêmes ont racheté les lots des colons français amenés par le gouvernement.

Enfin la gratuité des lots introduisait dans la colonie toutes sortes d'individus ayant pratiqué tous les métiers, sauf souvent celui d'agriculteur. On ne s'improvise pas cultivateur du jour au lendemain et, pour faire un bon colon, il faut non seulement des qualités physiques spéciales, mais surtout des qualités morales bien trempées.

Pourquoi, sur les 13.301 chefs de famille dont parle M. Saurin, 8.110 ont-ils quitté leurs lots ? Ce dernier

(1) J. Saurin, *L'œuvre française en Tunisie.*

nous l'explique lui-même. Ces insuccès découlent presque tous des causes suivantes : paresse, alcoolisme, incapacité, manque d'économie, insuffisance des capitaux. Le gouvernement n'avait donc pas fait un choix suffisamment rigoureux. Sur ces 8.110 colons, beaucoup certainement ont quitté leurs lots pour s'installer ailleurs et tous n'ont pas échoué ; mais parmi ceux qui n'ont pu réussir pour les causes énoncées plus haut, combien d'incapables, de bras-cassés, ont été, par des concessions en Algérie, récompensés de services électoraux, recommandés par tel ou tel parlementaire et imposés en quelque sorte à l'Administration.

La principale cause des échecs est, à notre avis, l'insuffisance des capitaux. Pour avoir droit à une concession gratuite, le gouvernement avait bien édicté qu'il fallait justifier d'un capital d'au moins 5.000 fr., mais combien de colons ont été mis en possession de lots, qui n'avaient pas la moitié de cette somme et qui n'ont pu faire face aux premières dépenses obligatoires et attendre la récolte !

Même dans cette lutte pacifique mais de tous les instants contre la nature qu'est l'agriculture, les capitaux sont le véritable nerf de la guerre. Combien de Français, venus en Algérie sans des avances suffisantes, attirés par cette offre alléchante de propriétés gratuites, n'ayant pour actif que leur courage et leur foi en l'avenir, se sont aperçus à leurs dépens que, pour mettre en valeur les terres des colonies, il était indispensable pendant plusieurs années de travailler sans rien gagner et d'incorporer au sol bien du capital avant qu'il ne se décide à donner des revenus rémunérateurs !

Combien reprirent le bateau et rentrèrent en France plus pauvres qu'ils n'étaient partis, désillusionnés, revenus de ce rêve d'un pays de Cocagne où tout poussait à profusion presque sans aucun travail !

Tous ces inconvénients sont inhérents au régime même de la colonisation officielle. Ils étaient suffisamment mis en relief par l'exemple de l'Algérie pour que les gouvernants de la Tunisie se tinssent sur leurs gardes et cherchassent une forme meilleure de colonisation.

Aussi, il ne fut nullement question de concessions gratuites en Tunisie. Ce que l'on voulait éviter, c'étaient les abus auxquels avait donné lieu l'application du système de peuplement de l'Algérie. Le principe de la non-gratuité des lots étant ainsi posé, les petits cultivateurs se trouvaient par là même évincés : les bonnes terres valant de 200 à 500 francs l'hectare, il fallait déjà un certain capital pour se créer un domaine, même restreint.

Le sol de la Régence était fertile assurément : l'exemple de l'antiquité, les cultures même des indigènes le prouvaient ; mais il était couvert de broussailles et les seules régions cultivables étaient appropriées. Il avait été négligé pendant des siècles ; l'Arabe l'avait en partie épuisé. Il fallait lui restituer ses principes fertilisants, il fallait le débarrasser de cette couche de brousse qui l'avait envahi, il fallait se résoudre à y consacrer pendant quatre ou cinq années de nombreux capitaux sans en retirer de revenus.

Déjà quelques capitalistes avaient acquis des domaines. Puisque le gouvernement ne voulait plus faire de distribution gratuite de terrains, son rôle devait se borner à encourager les capitalistes français à apporter leur argent à la nouvelle colonie et à le confier à son sol. Plus tard, il songerait à faire venir le petit cultivateur qui, maintenant déjà, pouvait trouver sa place comme gérant, comme contremaître, chez le gros colon et qui bientôt allait pouvoir s'installer comme métayer.

« La Tunisie, disait M. Leroy-Beaulieu en 1897, pendant un certain temps doit être surtout une colonie de capitaux ; elle ne peut servir, dans les circonstances présentes, qu'accessoirement à l'installation directe de petits propriétaires français...

» Un jour viendra sans doute, par le morcellement des grands domaines, où, quand la culture sera plus développée, mieux assurée, il sera possible de faire une large part aux petits propriétaires...

» L'avenir prochain qu'elle peut rêver au point de vue du régime agricole, nous ne dirons pas à celui de la main-d'œuvre, se rapproche du brillant passé des Antilles : il en diffère heureusement sous bien des rapports, mais ce sont les grandes et les moyennes exploitations qui seront le lot principal de la Tunisie pendant toute son enfance et son adolescence. La démocratie rurale s'y constituera lentement et graduellement [1]. »

Favoriser le développement de l'agriculture par tous les moyens en son pouvoir, suivre pas à pas tous les efforts de cette branche essentielle de l'activité humaine et intervenir toutes les fois que se faisait sentir le besoin d'une action supérieure à l'action individuelle, tel était le véritable rôle du gouvernement. « Aujourd'hui comme par le passé, disait en 1892 un auteur qui signe P. H. X. [2], toute la fortune de la Tunisie est dans son sol ; son avenir dépendra donc des facilités, des

(1) Leroy-Beaulieu, *L'Algérie et la Tunisie*, 1897.
(2) P. H. X., *La politique française en Tunisie. Le protectorat et ses origines.*

garanties dont nous entourerons l'exploitation de ses richesses immobilières. »

Et du même P. H. X. : « Le sol ne produira que si ses propriétaires comptent sur une possession tranquille, si on leur donne le moyen d'exporter leurs récoltes, de perfectionner leurs méthodes de culture, d'entrer en relation avec des consommateurs, des marchands, c'est-à-dire que, tout en légiférant, il faut encourager le travail indigène et l'immigration des Européens, des Français surtout, percer des routes, ouvrir des ponts, y attirer l'activité des échanges, exploiter les richesses naturelles : mines, sources, forêts, etc. »

Telle fut d'ailleurs la ligne de conduite que se traça le gouvernement, ligne de conduite qu'il a d'ailleurs fidèlement suivie. A chaque instant, nous l'avons vu, se sont manifestées cette préoccupation de l'Administration et cette sollicitude pour tout ce qui touchait au développement de l'agriculture.

C'est d'abord le souci d'assurer la sécurité des colons et les communications entre eux, c'est la suppression des entraves qui gênaient le commerce des produits agricoles, c'est l'institution d'un régime foncier donnant une stabilité parfaite à la propriété, l'organisation d'un Service de renseignements destiné à attirer les nouveaux colons, la création de la Direction de l'agriculture, le rattachement à cette Direction du Service des domaines, la mise à la disposition des nouveaux venus de terres arpentées, divisées en lots, bornées, immatriculées, vendues en tout temps avec toutes sortes de facilités de paiement et moyennant de légères obligations, la création de champs d'essais et d'expériences, du Crédit agricole, de la Caisse de colonisation et de remploi, de l'Ecole d'agriculture, de la Commission d'expérimentation agricole, du Crédit foncier, de sociétés indigènes de prévoyance, de caisses rurales d'assurances mutuelles, les encouragements donnés aux éleveurs, les efforts continuels pour réaliser l'union douanière entre la France et la Tunisie qui favoriserait l'exportation et, par suite, augmenterait la production de la Régence, etc., etc.

La Tunisie est arrivée, grâce à cette heureuse intervention, à un superbe développement économique. Le gouvernement, on le voit, a abandonné complètement le système algérien. Plus de refoulement des indigènes, plus de dépossession et d'arbitraire, plus de distribution gratuite de lots et d'organisation artificielle de villages.

Il s'est cantonné dans le rôle qu'il s'était imposé : encourager et éclairer l'agriculture. Dès 1891, la création de la Direction de l'agriculture, suivie de l'organisation du Service des domaines et d'une Caisse de l'agriculture, affirmait nettement son intention de se maintenir dans son rôle et consacrait l'abandon de toute idée de concession gratuite ; mais, en même temps, elle établissait le principe de l'aliénation à titre onéreux des domaines de l'Etat pour la colonisation et du remploi du prix de cette vente à l'achat de nouveaux domaines susceptibles d'être livrés à la culture.

L'achat des terres en Tunisie, nous l'avons déjà signalé, était une opération longue et coûteuse. L'absence ou l'obscurité des titres, la difficulté de réunir tous les ayants-droit, la trop fréquente mauvaise foi des propriétaires, effrayaient souvent le petit colon ne disposant que de modestes ressources et causaient un obstacle sérieux à la colonisation.

Les capitalistes avaient le temps et les moyens de négocier eux-mêmes leurs achats de terres, mais il était nécessaire de venir au secours du colon ne disposant que de modestes capitaux.

C'est dans ce but que l'Etat s'est mis à acheter des domaines partout où il en trouvait, de préférence à proximité des voies de communication, à les allotir et à offrir aux colons des lots de 30 à 150 hectares, suivant la nature et la qualité du terrain.

Ces lots sont vendus à tout moment de l'année à la Direction de l'agriculture, où ils sont mis en vente à l'amiable, suivant l'ordre des demandes, à un prix fixé par une expertise préalable.

Les conditions faites pour les paiements ont varié ; à l'origine, la moitié seule du prix était payée à l'avance, la moitié du restant n'était exigée que trois ans après l'entrée en jouissance, l'autre moitié après la quatrième année, le tout sans intérêt. Si l'acquéreur versait la totalité du prix avant de prendre possession, une réduction de 10 % lui était consentie.

Mais on s'aperçut vite que ce système était gênant pour le petit colon, car il avait pour inconvénient d'exiger trop de capitaux.

Dès 1902, en vue de donner aux acquéreurs de plus grandes facilités d'installation et de paiement, le décret du 23 juillet vint stipuler que tout acquéreur d'un lot de colonisation aurait la faculté d'effectuer le paiement de son prix d'achat, soit au comptant, et dans ce cas la réduction de 10 % subsistait, soit en autant de termes annuels successifs et égaux qu'il le désirerait, sans toutefois que le nombre de ces termes puisse dépasser dix. Le premier terme était toujours payable d'avance, au moment de la signature du contrat.

Depuis on a remarqué que, la première année de l'installation, le petit colon avait beaucoup de frais à supporter et qu'il lui était toujours difficile de payer la deuxième annuité. Dans le but de lui venir en aide, on a reporté le paiement de cette seconde annuité à la onzième année.

Les sommes restant dues à partir de la cinquième année portent un intérêt moyen de 3 1/2 % au profit du domaine de l'Etat.

Les seules obligations imposées à l'acheteur d'un lot de la Direction de l'agriculture sont de s'y installer ou d'y installer une famille française, de construire et de mettre les terres sérieusement en valeur dans un délai de deux ans. L'Etat se réserve d'ailleurs de reprendre ses lots si l'acquéreur ne remplit pas ces conditions, en lui tenant compte des améliorations qu'il y aura faites.

Ce système a donné d'excellents résultats. Le petit cultivateur n'a plus eu les craintes qu'il avait au début et de nombreux centres comme Sidi-Ahmed, Oum-Zid, Bordj-Touta, Le Goubellat, Bou-Ouada, etc., se sont constitués, peuplés d'une race d'agriculteurs sérieux, robustes et laborieux.

Pour subvenir à toutes les demandes de lots, le gouvernement commença par acheter des terres à des particuliers. Mais ce procédé était trop restreint et les réserves en provenant furent vite épuisées. De plus, de nombreux Arabes ne voulaient pas vendre. On songea alors à tirer parti des *habous* publics et le décret du 13 novembre 1898 vint mettre à la disposition de la Direction de l'agriculture, chaque année, 2.000 hectares de *habous* publics, d'étendue suffisante et susceptibles d'être livrés à l'exploitation agricole.

C'est grâce à ce décret que la colonisation a pu réellement se développer, et c'est en particulier de ce moment que datent les débuts du centre important de Béja.

Ces biens *habous* pouvaient d'ailleurs être mis en la

possession des colons moyennant une rente perpétuelle susceptible ni d'augmentation ni de diminution, appelée *enzel*, mais, jusqu'en 1905, cette rente d'*enzel* était une charge perpétuelle ; tout au moins le rachat en était-il subordonné au consentement du créancier (credi-enzeliste), qui pouvait toujours s'y refuser ou imposer des conditions inacceptables. Un décret du 22 janvier 1905 vint permettre au débiteur de se libérer de son *enzel* en payant d'un seul coup le montant de vingt annuités.

Enfin, au lieu de procéder par création de villages, comme en Algérie, système inauguré par le maréchal Bugeaud, on commença par la ferme isolée, se contentant de réserver au centre des principaux lotissements un emplacement où, plus tard, lorsque les fermes seraient devenues plus nombreuses, se construiraient les bâtiments publics : écoles, bureau de poste, église, etc., etc.

« De cette manière, dit M. Fallot, l'avenir est réservé sans jamais engager de dépenses inutiles. Ce centre restera un hameau ou grandira jusqu'à devenir une ville sans que rien entrave l'essor que lui réserve normalement le libre jeu des forces économiques [1]. »

M. Leroy-Beaulieu juge ainsi le système algérien : « Cette idée que la colonisation procède par centres est, au point de vue économique et historique, une idée inexacte ; la colonisation rayonne et s'étend indéfiniment par projection sur tout le pays cultivable ; les centres viennent plus tard, les villages, qu'on n'ait aucune crainte sur ce point, sauront bien se créer tout seuls et se placer aux situations les meilleures. »

C'est donc complètement à tort que certains auteurs

(1) Fallot, *Le peuplement français de l'Afrique du nord*, 1906.

reprochent au gouvernement du protectorat d'avoir été systématiquement hostile à toute colonisation démocratique et de n'avoir favorisé que la colonisation financière.

La vérité, dit M. Pensa, est que « l'Administration du protectorat n'a aucun désir de voir se fixer en Tunisie une population française de condition laborieuse, de tempérament ardent et comportant ces éléments à la fois énergiques et entreprenants sans lesquels toute création coloniale est chimérique..., etc. »

Et il préconise le système de la concession gratuite, demandant que le gouvernement donne à celui qui se fixe en Tunisie au moins la terre en friche, « seul le don de la terre lui offre un appât assez puissant pour l'entraîner à émigrer (1) ».

A son avis aussi, le système de la colonisation par création de centres est à encourager. « C'est par lui seul, dit-il, que l'on peut transplanter en Tunisie les paysans français, et si l'on agit autrement, on arrive au résultat suivant : le colon habite Marseille, Lyon, Paris ; il installe des gérants, des chefs de culture sur sa terre où il ne vient que rarement... »

Que M. Pensa aille visiter une quelconque des nombreuses fermes des régions de Béja, Medjez-el-Bab, Oued-Zergua, Souk-el-Khémis, qui appartiennent en effet, pour beaucoup, à des Parisiens, à des Lyonnais. Il y rencontrera certainement des contremaîtres, des chefs de culture, mais il sera reçu par le propriétaire lui-même et il sera peut-être fort surpris de le trouver vêtu de toile bleue comme un ouvrier, botté, casqué, le visage bronzé par le soleil, les mains calleuses par le travail.

(1) Henri Pensa, *L'avenir de la Tunisie*, 1903.

Il faut en revenir de cette idée trop répandue en France que le colon tunisien est le gentleman au teint clair qui ne se rend dans ses terres que pour y jeter un coup d'œil distrait et pour toucher le prix de vente de ses récoltes ou de son bétail, qui abandonne la direction de sa ferme à un contremaître ou chef de culture pour habiter, dans un doux farniente, les grandes villes de France.

Si ce genre de colon existe en Tunisie, pour notre part nous ne l'avons jamais rencontré, bien que nos fonctions et nos relations personnelles nous aient amené souvent à parcourir en tous sens les riches plaines et plateaux de la vallée de la Medjerdah, que l'on peut certes bien prendre pour exemple dans une étude sur l'agriculture tunisienne !

Nous aurons d'ailleurs l'occasion de revenir sur ce sujet, nous proposant de consacrer quelques pages au colon tunisien que nous avons appris à connaître non par les légendes qui circulent en France ni par les articles tendancieux de certains journaux, mais en vivant à côté de lui, en le fréquentant, en le voyant à l'œuvre, en suivant de près ses efforts, en nous rendant compte de ses difficultés et de la grandeur de sa tâche.

Quant à cette idée que le gouvernement a voulu écarter de parti-pris le petit cultivateur français, nous la croyons *a priori* inexacte ; l'exemple de l'Algérie avait fait le procès de la concession gratuite. Etait-ce être hostile à la petite colonisation que d'empêcher une foule de déclassés de venir s'abattre sur une région, grâce à la protection de tel ou tel homme politique, et de ne pouvoir s'y maintenir faute de capacités ou de ressources ? Etait-ce faire œuvre antidémocratique que d'exiger que les nouveaux colons soient munis d'un certain capital ? D'anciens colons estiment que la réserve pécuniaire de tout nouvel arrivant doit représenter au moins deux ou trois fois la valeur du capital-achat.

Sous le prétexte de la nécessité du peuplement rapide de la Tunisie, faudrait-il encore que le gouvernement, en plus de la concession gratuite du sol, donne aussi aux nouveaux colons les moyens de la mettre en valeur ?

N'est-ce pas au contraire faire œuvre essentiellement démocratique que de s'adresser au cultivateur économe qui a déjà quelque argent de côté, qui peut réaliser un petit capital en vendant ce qu'il possède en France, de l'attirer en Tunisie par une publicité loyale, de lui délivrer des permis de voyage à demi-tarif, de lui offrir, avec toutes facilités de paiement, une propriété débroussaillée, en terres fertiles, à proximité des routes et des voies ferrées, et d'attirer autour de lui, par les mêmes moyens, d'autres cultivateurs qui formeront bientôt un petit village essentiellement français ?

Comme ce petit cultivateur aura déjà, en signant son contrat, déboursé une certaine somme, il s'attachera à son lot ; la faculté de ne pas payer de suite sa deuxième annuité lui permettra d'employer tout le bénéfice de sa première année à augmenter son troupeau, à améliorer son outillage. Il apportera d'autant plus de soin et de travail à la culture de sa terre qu'il l'aura déjà en partie payée, qu'elle représentera pour lui une certaine quantité d'argent apporté de France, économisé sou par sou. Et avec ce colon, petit agriculteur de nos campagnes françaises, connaissant déjà le travail de la terre, insensible à la fatigue, résistant au climat, nous n'aurons pas les déboires que nous avons eus en Algérie avec des perruquiers, des garçons de bureau, improvisés cultivateurs du jour au lendemain.

D'ailleurs, si l'on en croit M. Leroy-Beaulieu, le domaine des colons en Algérie s'est, pendant un certain temps, plus accru par la voie des transactions libres que par celle de la concession. D'après lui, de 1884 à 1893, les Européens ont acheté, tant aux musulmans qu'aux israélites indigènes, 242.004 hectares de terres. Ils n'en ont vendu, aux mêmes gens, que 96.654. L'excédent des achats des Européens est donc de 145.350 hectares, soit plus de 14.500 hectares par an. Si l'on ajoute les 7.000 hectares achetés par les Européens au Domaine, en moyenne par année depuis 1884, on arrive à 21.500 hectares par an. Or, la colonisation officielle n'a mis à la disposition des colons, dans ses plus beaux jours, en douze années, de 1871 à 1882, que 345.000 hectares en concessions individuelles, auxquelles on peut ajouter 80.000 hectares de parcours communaux ; cela fait une moyenne de 35.000 à 40.000 hectares par an au temps où elle s'effectuait avec les ressources des séquestres des biens des indigènes. Mais les terres achetées aux Arabes valent en général mieux que celles que l'Etat concède [1]. Enfin, si la colonisation officielle sous forme de distribution de terres gratuites à tout venant est critiquable, il est d'autres formes sous lesquelles elle peut s'exercer et faire œuvre utile.

Le gouvernement a fait de la bonne colonisation officielle en achetant des terres aux indigènes là où elles n'étaient pas suffisamment cultivées et en leur en donnant la valeur, en les vendant aux colons, en y favorisant l'établissement de centres, en créant tous les organismes susceptibles d'améliorer les procédés de culture, en aménageant les sources, les oueds, en accor-

(1) Leroy-Beaulieu.

dant des dégrèvements d'impôts aux indigènes qui travaillaient à la charrue française, des bourses de stagiaires chez les colons aux meilleurs élèves de l'Ecole d'agriculture, en récompensant les éleveurs par des primes, en encourageant les producteurs tunisiens à faire figurer leurs produits dans les expositions, etc.

Il a compris son véritable rôle, il a travaillé dans l'intérêt de tous sans léser les droits de personne, il a respecté la propriété indigène : c'est dans cette voie qu'il doit persévérer s'il veut faire de la Tunisie la colonie de premier ordre que ses richesses naturelles lui permettent de devenir.

TROISIÈME PARTIE

La Tunisie d'aujourd'hui. — Les cultures indigènes. — L'élevage indigène. — Les contrats de travail indigènes : *Khammessat* et *mougharça*. — Le colon français. — La main-d'œuvre agricole. — Quelques grandes exploitations agricoles de Béjà. — Les cultures européennes : les céréales, la vigne, l'élevage, l'olivier.

La superficie des propriétés rurales appartenant à des Européens était, au 31 décembre 1911, de 872.205 hectares, sans compter les territoires du sud. Si l'on compare ce chiffre aux neuf millions d'hectares environ pouvant être livrés à la culture, on voit que les propriétés indigènes occupent de beaucoup la plus grande partie du territoire tunisien : 89,63 % des terres susceptibles d'une mise en valeur. Ces neuf millions d'hectares ne comprennent d'ailleurs que deux millions et demi environ de terres labourables ; le reste se décompose en boisements forestiers, olivettes, palmeraies, vignes et terres de parcours. L'agriculture indigène ne saurait donc être passée sous silence ; il est juste de lui accorder, dans cette étude, la part qui lui revient.

Comme le colon européen, l'agriculteur tunisien cultive principalement les céréales dans le nord, l'olivier dans le centre et le sud. Il pratique un peu partout l'élevage, surtout celui de l'espèce ovine ; dans les oasis et sur la côte est, il s'adonne aux cultures fruitières ;

enfin, il possède çà et là quelques lopins de vigne dont il vend les raisins.

Le Tunisien ne connaissait comme céréales que l'orge et le blé. L'avoine n'a fait son apparition qu'avec les colons européens.

Les rendements, nous l'avons déjà indiqué, sont très faibles : ils tiennent aux procédés de culture défectueux et aussi à l'épuisement de la terre, qui ne reçoit jamais d'engrais. L'orge rend environ 6 à 10 quintaux à l'hectare, alors que, pour les Européens, elle a un rendement moyen de 15 à 20 quintaux. Le blé leur donne du 3 alors que la moyenne chez les colons français est au moins de 10 quintaux.

Tout le matériel agricole de l'indigène consiste dans un simple instrument de labour, un araire primitif formé d'une tige en bois de 3 mètres de longueur, munie à sa partie supérieure d'un manche servant à la direction, et à sa partie inférieure d'un sep en bois faisant un angle de 30 degrés environ avec l'âge et terminé par un soc en forme de fer de lance ; l'âge, le sep et le soc se trouvent placés dans le même plan. L'indigène attelle deux bœufs à cet appareil en fixant par une lanière de cuir l'âge au joug, et il règle la profondeur des labours au moyen d'une cheville ; puis il se met à retourner sa *méchia* (1), évitant soigneusement les obstacles, pierres, buissons, qu'il contourne, pénétrant à une profondeur maxima de 10 à 12 centimètres et laissant entre les sillons des bandes de terre non rompues souvent plus larges que le sillon lui-même.

L'orge est semée sur un seul labour, environ 80 kilogrammes à l'hectare. Une partie de sa sole, destinée au

(1) *Mechia*, surface pouvant être labourée par une paire de bœufs pendant la période des semailles ; varie de 7 hectares en terres fortes pour aller à 12 hectares en terres légères.

blé, a reçu après les premières pluies d'automne un labour préparatoire (*maïali*) fait très rapidement et très grossièrement. Il y repasse sa charrue et l'ensemence. La seconde partie de la sole est semée directement après un seul labour. Ordinairement, les semailles sont terminées vers le 15 janvier. Les gros travaux sont dès lors finis ; la terre ne reçoit pas d'autre façon ni d'autres soins jusqu'à la moisson ; seuls les Kabyles, il y a quelques années, faisaient sarcler au printemps leurs céréales par leurs femmes, mais aujourd'hui, et dans la région de Béja, c'est la règle : tous les Arabes pratiquent les sarclages.

Les indigènes connaissent pourtant les labours de printemps qu'ils appellent *chemsi* (de *chems*, soleil) et se rendent compte de leur heureuse influence. Mais seuls les riches Arabes, propriétaires du sol, pratiquent l'assolement biennal et fument leurs terres. Ils ne labourent leurs bonnes parcelles qu'une année sur deux et ensemencent toujours sur des terrains *bour* (jachère pâturée), ou *semchi bour* (jachère morte), ou *rebei* (jachère verte). Au contraire, le petit cultivateur qui loue une ou deux *mechias* ne les obtient qu'à courts termes. Il craint de diminuer la surface de ses pâturages et suit un assolement triennal. Il sème en partie sur la jachère pâturée et en partie sur le chaume (*ksab*) de l'année précédente. Les parcelles qui portent deux céréales de suite sont laissées en jachères pendant un an.

L'indigène ne fume généralement pas son sol. Le fumier de ses animaux s'accumule à l'intérieur du douar et autour des gourbis, où il forme souvent de véritables amoncellements. Plutôt que de le transporter sur ses terres, l'Arabe préfère le brûler après avoir déplacé son habitation. Du mois de janvier au mois de juin, le cultivateur indigène ne se livre à aucun travail régulier. La moisson se fait au moyen de faucilles ; les épis sont coupés très hauts, de petites gerbes sont liées, chargées dans des filets et portées à dos de bourricot ou de cheval sur l'aire à battre du douar où a lieu le dépiquage, qui consiste à faire piétiner les gerbes par les bêtes de somme ; le grain est ensuite sommairement vanné. Deux hommes et deux chevaux arrivent à produire dans leur journée 5 hectolitres de blé nettoyé. Les troupeaux sont ensuite mis en pâturage dans les chaumes.

C'est à peine si l'indigène imprévoyant garde la quantité de grain nécessaire à sa subsistance et aux semences de l'année suivante ; s'il a besoin d'argent, il vend au bout de sa réserve et, le moment des semailles venu, il est obligé de s'adresser à l'Administration, qui lui fait des avances d'orge et de blé.

Il arrive tout juste à faire produire à sa terre un rendement de 5 pour 1. Comme les quatre cinquièmes des emblavures tunisiennes sont entre ses mains, il n'y a pas lieu de s'étonner de voir le rendement moyen de la Tunisie, en blé, descendre à 3 quintaux et demi par hectare.

Pour les céréales de toutes sortes, la moyenne générale du rendement tunisien n'est que de 3 quintaux 85, alors qu'en Algérie elle est de 6 quintaux 66.

C'est là une moyenne bien insuffisante, car, comme le fait remarquer M. de Bouvier (1), survienne une année déficitaire, comme 1908, c'est la famine pour les indigènes et l'agriculture n'est plus rémunératrice pour les Européens.

(1) Marc de Bouvier, *De la nécessité d'augmenter la production de la Tunisie.*

L'Arabe ne récolte pas de fourrage. Les terres non ensemencées servent de pacage au troupeau. Il ne conserve pour la nourriture de ses bœufs pendant l'hiver que la paille provenant de sa moisson.

Dans le nord, les indigènes cultivent aussi le maïs et le sorgho, mais les rendements sont faibles ; ces céréales de printemps, qui exigent des soins spéciaux, sont semées sur des labours insuffisants, ne sont pas fumées et ne reçoivent que des binages trop peu nombreux ; le rendement du maïs, qui pourrait atteindre 15 à 20 hectolitres à l'hectare, ne dépasse pas 6 à 7 quintaux.

Le sorgho, qui est le blé du pauvre pendant les mauvaises années, constitue une ressource précieuse pour l'indigène et sa culture est assez répandue dans le nord de la Tunisie.

Ces deux céréales occupent environ 25.000 à 30.000 hectares par an.

Dans le centre et le sud, le Tunisien se livre avec succès à la culture de l'olivier. L'indigène du Sahel est bon agriculteur. De Sousse à Sfax, la ligne du chemin de fer parcourt d'admirables plantations d'oliviers appartenant pour la plupart aux Arabes. Autour de chaque arbre, des levées de terre soigneusement entretenues forment une espèce de cuvette destinée à retenir les eaux de pluie. Le sol est ratissé, sarclé, nettoyé comme une plate-bande de jardin ; partout des hommes travaillent dans les olivettes, pas un pouce de terrain n'est perdu ou négligé, et, çà et là, émergent de la forêt de verdure, assez rapprochées les unes des autres, d'importantes cités exclusivement arabes, aux blanches maisons, habitées par une population laborieuse et aisée.

Plus au sud, dans la région des oasis, la culture du

palmier-dattier est la principale ressource des indigènes des régions du Djerid, du Nefzaoua, de Gabès, de Gafsa.

Le Djerid à lui seul possède près d'un million de palmiers et nourrit une population de 30.000 habitants. Sa moyenne annuelle de production est de quinze millions de kilogrammes de dattes.

Le nombre total des palmiers-dattiers du sud tunisien peut être évalué à un million et demi, et la production générale des oasis dépasse par an vingt millions de kilogrammes de dattes dont trois à six millions sont exportés.

L'indigène cultive çà et là quelques coins de vigne dont il vend les raisins. Le vignoble indigène est d'environ 1.600 hectares ; il n'a pas augmenté depuis 1889. Sa production oscille entre 20.000 et 30.000 quintaux de raisins dont les cinq sixièmes sont consommés à l'état frais.

Le long de la côte est de la Tunisie, il possède des jardins d'amandiers, de caroubiers, d'abricotiers, au cap Bon, à Nabeul ; dans les environs de Sfax, des pistachiers ; à Nabeul, à Hammamet, à l'Ariana, à la Soka, des grenadiers qui peuvent lui rapporter 150 à 200 francs par hectare, des bananiers. Enfin, à Hammamet, au Bardo, à la Manouba, au Mornag, dans le cap Bon et à Nabeul, les indigènes possèdent et cultivent d'importantes plantations d'orangers, de mandariniers et de citronniers. L'hectare de citronniers rapporte, à Hammamet, de 200 à 300 francs par an, et les orangers de 600 à 800 francs.

Dans ces mêmes régions, les indigènes s'occupent de la culture des plantes à essence, particulièrement des géraniums rosats, des tubéreuses, des jasmins.

L'élevage est assez répandu chez les Tunisiens. Pour

les bovins, le système le plus employé est celui du pâturage exclusif : les bêtes sont laissées toute l'année au pâturage, sans abri contre le soleil et contre la pluie et sans recevoir jamais de nourriture de la main de leur maître. Au printemps, elles trouvent de l'herbe assez abondante ; après la moisson elles peuvent pendant quelque temps se nourrir dans les chaumes ; mais à partir du mois d'août, le sol desséché, crevassé, ne leur offre plus qu'une maigre pitance et les intempéries viennent augmenter la mortalité d'une façon considérable. Seuls les bœufs de labour sont abrités sous des toits de chaume et reçoivent la nuit, pendant la période du travail, un peu de paille.

L'espèce ovine est très nombreuse dans la Régence. Le mouton indigène est le barbarin à grosse queue ; mais la race d'Algérie à queue fine a commencé déjà depuis quelque temps à se répandre chez les Arabes. M. Bourde en avait déjà signalé un troupeau de 50.000 à 60.000 têtes, partagé entre les contrôles de Béja, de Bizerte, de Souk-el-Arba, de Maktar, de Kairouan, de Djerba, de Tozeur et dans le Sahara tunisien. Ils avaient été amenés d'Algérie soit par des indigènes qui avaient émigré de ce pays, soit par des Tunisiens qui les préféraient aux moutons à grosse queue. L'Arabe élève surtout cette dernière espèce qui est moins exigeante pour la nourriture et qui, gratifiée par la nature d'une épaisse toison, se défend mieux contre le froid. Sa laine pourrait leur procurer une source régulière de revenus, mais le défaut d'entretien occasionne fréquemment des maladies de peau qui entraînent la chute plus ou moins complète de la toison.

Un troupeau de 100 têtes produit 60 à 65 agneaux par an : les mâles sont livrés à la boucherie, les brebis restent au troupeau et les indigènes n'abattent que les femelles inféçondes ou qui commencent à user leurs secondes dents, c'est-à-dire qui ont 6 à 7 ans. La plupart des troupeaux de moutons transhument régulièrement. M. Bourde a donné sur cette coutume de transhumance des renseignements intéressants ; ils descendent vers le sud à l'automne et remontent vers le nord au printemps. Les troupeaux des contrôles de Béja, de Souk-el-Arba, du Kef, se rendent dans la région située au-dessous d'une ligne tirée entre Kairouan et Tébessa et poussent quelquefois jusqu'à l'Arad. Les troupeaux des contrôles de Bizerte et de Tunis s'en vont plus particulièrement dans la région située entre Kairouan et Sfax. Ceux de Nabeul évoluent entre le cap Bon et l'Enfida. Ordinairement plusieurs bergers se réunissent ensemble et désignent un *caïd el azib*, ou « chef de troupeau ». Ce chef va devant, fait marché avec les propriétaires des pâturages, puis avertit les bergers restés en arrière qui viennent s'établir autour de sa tente...

Dans l'extrême sud, où les terrains de parcours sont indivis entre les membres de la tribu, le pâturage est libre. Dans le Sahel, la vaine pâture est également la règle : les tribus envoient leurs troupeaux sur le territoire les unes des autres.

Dans le contrôle de Sfax, le principe est que chaque tribu a le droit d'interdire ses pâturages aux tribus voisines, mais il n'est plus respecté.

Dans le contrôle de Kairouan, une taxe de 6 francs et 9 francs est exigible par troupeau et par trimestre sur les bergers étrangers, mais elle est assez rarement perçue. Cependant, dans les localités de ces contrôles où la propriété individuelle est bien assise, il faut, en général, payer le pâturage au propriétaire, et plus on remonte dans le nord, plus cette taxe, qu'on appelle *achaba*, est exigée avec rigueur ; le montant de la taxe est soumis à la loi de l'offre et de la demande, il dépend de l'abondance ou de la rareté des herbes. Elle est en général payée en nature : 1 mouton par 100 têtes et par mois, en moyenne, dans les contrôles de Nabeul, de Tunis, de Bizerte, de Béja, où elle est le plus élevée (1).

Le troupeau d'ovins de la Tunisie s'élevait, en 1911, à 615.584 têtes. La plus grande partie en appartient aux indigènes.

Les Arabes tunisiens sont de mauvais éleveurs de chevaux. Le centre de ce marché est le Kef, mais la campagne du Maroc a dégarni presque totalement cette région de bonnes bêtes. Ils appartiennent pour la plupart à la race barbe, sont sobres, très endurants, mais les accouplements ont lieu sans choix, et le seul souci de l'Arabe est d'avoir au printemps des naissances, sans s'occuper des tares et des maladies héréditaires. Les juments sont mal nourries, les jeunes chevaux travaillent trop tôt et sont souvent atteints de déformations osseuses que l'usage des entraves ne fait qu'aggraver. Bref, l'Arabe pourrait, avec un peu plus de soins, tirer de grands profits de cet élevage, et la population chevaline, qui était en Tunisie, en 1911, de 36.965 têtes, pourrait être bien plus considérable et surtout bien supérieure en qualité.

L'indigène s'intéresse davantage à l'élevage du mulet, pour lequel il réserve ses meilleures juments. De véritables entrepreneurs, propriétaires de baudets étalons, parcourent les campagnes. Le mulet est non seulement recherché comme bête de selle par les riches Tuni-

(1) Ces renseignements sont empruntés à *La Tunisie*, compilation officielle parue en 1900.

siens, mais aussi par les arabatiers et entrepreneurs de voiturage. Le cultivateur ne l'emploie que rarement pour ses labours.

Enfin, les indigènes pratiquent beaucoup l'élevage de la chèvre, qui se nourrit de peu, quelques touffes de lentisque et de romarin, qui résiste aux plus fortes années de sécheresse et qui leur donne, outre le lait et les chevreaux, des poils dont ils tissent des étoffes et des peaux dont ils font un commerce actif. Le bouc castré est également très demandé sur le marché indigène et sa viande fort appréciée. Le nombre des caprins, en 1911, était de 332.560. Les Arabes, les Siciliens et les Maltais pratiquent seuls cet élevage.

Tous les indigènes élèvent de nombreux ânes, qui leur servent à toutes sortes de travaux et coûtent peu à nourrir. En 1911, la Tunisie en possédait 80.060.

Dans le centre et le sud, le dromadaire est très répandu. On en comptait, en 1911, 107.506, et, dans le Sahel, il remplace avantageusement le bœuf dans tous les travaux agricoles.

Le méhari (ou dromadaire de selle) est rare en Tunisie. Le dromadaire de bât est le plus commun ; dans les régions de Gafsa, de Gabès, de Médénine, on en compte environ 55.000.

Les Arabes n'élèvent pas le porc ; le Coran leur interdit de manger sa viande, et ils ont de cet animal une répugnance qui les éloigne même de son élevage et de son commerce. On ne le rencontre donc que dans les fermes européennes et dans les forêts de la Khroumirie, où les colons le mettent en parcours.

Avant de quitter le cultivateur indigène, dont nous venons d'examiner les cultures et l'élevage, il nous paraît intéressant et utile de dire quelques mots des principaux contrats de travail qui interviennent entre le propriétaire ou locataire de la terre et l'ouvrier agricole.

On ne voit pas, comme en France, des patrons embaucher des ouvriers à la journée, au mois ou à l'année; toujours un contrat est signé entre eux qui établit les droits et les obligations de chacun. Les plus fréquents de ces contrats sont le *contrat de khammessat*, ou colonage partiaire, et le *contrat de mougharça* (1), ou contrat de complant.

Le *contrat de khammessat* (2), ou colonage partiaire, est une société dans laquelle le propriétaire fournit un fonds de terre, la semence, les animaux de labour et de trait et le *khammès* son travail.

Les produits du fonds sont partagés dans la proportion de quatre cinquièmes pour le propriétaire et d'un cinquième pour le khammès.

Le propriétaire remet à titre d'avances au khammès une somme variant de 150 à 300 francs, que celui-ci doit rembourser à la fin de l'année agricole, au moment du partage des produits.

Le propriétaire doit fournir au khammès les moyens de transporter à la ferme sa famille, ses effets et ses provisions.

Le khammès est tenu des obligations suivantes :

1° Il doit garder et soigner les animaux de labour et de trait dont il se sert; faire paître une monture du cultivateur pendant le jour et lui procurer le fourrage ou la paille nécessaire pour la nuit;

2° Il doit faire les labours et autres travaux nécessaires pour préparer le terrain ;

(1) Ou *m'hrarça*.

(2) Décret beylical du 13 avril 1874. — LAGRANGE et FONTANA, *Codes et lois de la Tunisie*, 1912. — ZEYS, *Code annoté de la Tunisie*.

3° Tous les travaux nécessaires avant la complète maturité des récoltes, tels que l'irrigation ou arrosage, la surveillance des champs, la protection de la récolte contre les oiseaux et autres animaux nuisibles dans la mesure du possible, le binage des champs de fèves avec la houe, la destruction des mauvaises herbes ;

4° Sont également à sa charge tous les autres travaux nécessaires après la maturation de la récolte, tels que la moisson, l'arrachement des pieds de fèves, la préparation de l'aire, le transport de la récolte sur l'aire, le dépiquage ou battage, le vannage, la confection des meules de foin ou de paille, les abris pour les animaux, le transport de la semence dans les dépôts attachés à l'exploitation.

Le khammès n'est tenu de faire aucun travail permanent, de construction ou autre, devant durer après la fin de l'exploitation, tels que la construction de murs, le forage de puits, le creusement des fosses ou des silos ; tout travail en dehors des travaux énumérés plus haut doit être payé au khammès sur le pied des salaires pratiqués dans le lieu de la situation des biens ou à dire d'experts en cas de contestation.

Si le khammès quitte la ferme sans motif ou s'il néglige son travail, le cultivateur pourra le faire remplacer par un journalier ; le salaire de ce dernier sera imputé sur la part de récolte du khammès.

Si l'absence du khammès est justifiée par des raisons de santé ou autres motifs légitimes, le cultivateur ne pourra engager un remplaçant salarié qu'après trois jours d'absence.

Le cultivateur doit fournir au khammès et à sa famille les provisions de bouche nécessaires, au prix courant et dans la proportion fixée par la coutume locale.

La part du khammès est liquidée sur le produit de la récolte, après déduction de la dîme (*achour*), ainsi que de la nourriture des animaux de labour et de trait pendant l'été ; la nourriture des montures du cultivateur est exclusivement à la charge de ce dernier.

Après l'enlèvement de la récolte, la société du cultivateur et du khammès est résiliée de plein droit ; cependant, si le mois d'octobre (style grégorien) est déjà commencé sans que l'une ou l'autre des parties ait dénoncé le contrat, la société est renouvelée pour une autre année agricole et aucune des parties ne peut la résoudre.

Le système du khammessat a peut-être des avantages pour les citadins ; ces derniers ne pouvant surveiller directement leur exploitation agricole sont dans l'impossibilité d'employer des ouvriers à la journée, qui, livrés à eux-mêmes, ne fourniraient pas une somme de travail rémunératrice pour le propriétaire.

Il présente par contre de grands inconvénients ; le khammès, pouvant quitter à la fin de l'année agricole, n'a aucun intérêt à faire des travaux d'amélioration tels que : dépierrement, débroussaillement, drainage et principalement des labours de printemps.

Le colon français qui fait de la culture intensive a abandonné complètement l'emploi de khammès et ne se sert que d'ouvriers salariés.

De nombreux propriétaires indigènes qui se servent de machines agricoles et ont amélioré leurs procédés de culture ont cessé d'avoir des khammès et emploient actuellement des ouvriers moyennant des salaires et des rétributions en espèces.

La bonne culture fera fatalement disparaître cette institution primitive qu'est le khammessat.

La *société à complant* [1], ou *mougharça*, est un contrat en vertu duquel une terre doit être complantée d'arbres de rapport.

Il s'applique à des plantations de cactus, de figuiers, d'orangers, de grenadiers, mais principalement à des plantations d'oliviers. Le propriétaire fournit au cultivateur, appelé *mougharsi*, le terrain et les avances dont il a besoin. Ce dernier est tenu de fournir les plantes, les instruments et les animaux, de faire tous les travaux nécessaires pour amender la terre, pour féconder et soigner les arbres.

Dès que les arbres sont en rapport, la moitié du terrain complanté revient en pleine propriété au mougharsi, l'autre moitié reste au propriétaire. Dans le nord, le mougharsi peut, tant que les oliviers sont jeunes, faire des cultures intercalaires d'orge et de blé dont les produits lui reviennent entièrement ; mais, dans le sud, la culture des céréales étant très aléatoire, il est obligé d'avoir recours pour vivre à de plus grandes avances.

A l'expiration du contrat, le mougharsi doit rembourser les avances reçues et, s'il n'a pas été économe, il s'en acquittera en cédant au propriétaire une partie de l'olivette qui lui revient.

Ce système d'association à complant est très employé dans les nouvelles créations d'olivettes de Sfax, et les Européens eux-mêmes utilisent ce contrat pour complanter en oliviers de grandes étendues de terrains.

C'est grâce à lui que s'est reconstituée, dans le Sahel et la région de Sfax, une partie de l'ancienne forêt d'oliviers des Romains.

(1) Lagrange et Fontana, Code des obligations, art. 416 et s., *op. cit.* — Zeys, déjà cité. — Décret du 17 août 1893.

Mais quittons cette agriculture indigène, routinière et désuète, et allons visiter une de ces blanches fermes qui, de Tunis à Oued-Zergua, de Pont-de-Trajan à Béja, de Béja à Mateur ou à Souk-el-Khémis, apparaissent souriantes sous leurs toits rouges, coquettes et avenantes dans leur cadre d'eucalyptus, de mûriers, de faux-poivriers, et qui, au printemps, donneraient l'impression d'un petit coin des Vosges ou du Jura si quelques gourbis ne s'accrochaient près de là au revers d'un coteau et si les appels gutturaux des ouvriers et des bergers arabes ne venaient troubler le silence.

Déjà la piste poussiéreuse a quitté les cultures indigènes ; les champs tachés de buissons épineux, où les épis espacés et grêles laissent apercevoir le sol fendillé et caillouteux, font place à d'immenses tapis de blé dur aux longues barbes noires, ou de blonde avoine, ondulant sous la brise comme les flots de la mer. Et les cultures se succèdent régulières, bien fournies, jusqu'à l'allée bordée d'arbres et ornée de débris romains mis à jour par les laboureurs qui conduit à la maison d'habitation du colon tunisien. Qu'on ne s'attende pas à se trouver en présence d'un château ou d'une somptueuse villa. Le *bordj* est généralement très simple. Plutôt que de consacrer ses fonds à l'embellissement de sa demeure, le colon préférera agrandir ses écuries, faire de nouvelles locations de terrains ou améliorer son outillage. Son *home* est une modeste bâtisse blanchie à la chaux, sans prétention, sans aucun style. Une vérandah où grimpent les géraniums et les capucines donne accès dans les différentes pièces, toutes spacieuses, bien aérées, au carrelage de briques, aux murs vernis. Pas de luxe inutile, du confortable et de l'hygiène : c'est tout ce qu'exige le colon tunisien.

A quelque distance de là s'élèvent les écuries, vastes,

bien aménagées, où l'air circule largement par les pignons ajourés. Le colon les fait visiter avec orgueil : voici les bœufs de labour de race indigène, de petite taille, au pelage foncé, aux cornes longues et aiguës ; les vaches laitières provenant du croisement de la race de Guelma avec les races charolaise, bretonne ou normande ; puis des mulets d'importation des Pyrénées, à la robe luisante, aux pattes nerveuses ; les juments bretonnes à la croupe puissante ; dans l'écurie voisine, des brebis algériennes à queue fine, dans l'étable des porcs noirs, hauts sur pattes, maigres, cousins germains des sangliers du Nefzas.

Dans la cour de la ferme, les chars à fourrage, les tombereaux à fumier ; sous le vaste hangar, tout un attirail multicolore aux formes bizarres, tout un machinisme agricole aux teintes claires qui surprend par sa diversité l'étranger qui visite pour la première fois une grande exploitation agricole : ce sont les distributeurs d'engrais, les longs semoirs en lignes, les herses à disques, les scarificateurs, les crosskills, les faucheuses, les moissonneuses-lieuses, un matériel complet de battage à vapeur.

Que l'on est loin du fellah arabe que l'on a rencontré sur la piste, juché sur son haridelle, tenant sa *mahrat* (1) rustique sur le col de sa bête !

Que l'on est loin aussi du petit cultivateur français qui n'a pour tout outillage que sa charrue, sa faucheuse, son râteau, une simple moissonneuse !

Et pour le colon tunisien, qui cultive une propriété rarement inférieure à 100 hectares, tout cet outillage est indispensable.

Lorsque le domaine s'étend, dépasse 500 à 600 hec-

(1) *Mahrat*, charrue arabe.

tares, l'outillage est bien autre ! C'est alors qu'apparaissent les lourds tracteurs, les massives locomobiles remorquant des trains de charrues, de herses et de rouleaux. C'est alors que les colons s'ingénient à trouver des combinaisons habiles pour mettre en valeur leurs immenses territoires, pour retourner ces terres difficiles qui ne consentent à produire abondamment que si leur sol est travaillé avec soin, trituré, émietté, réduit en poussière et fumé régulièrement. C'est le grand domaine qui donne naissance aux admirables entreprises, aux réalisations merveilleuses, comme l'exploitation peut-être unique au monde de Koudiat, près de Souk-el-Khémis, appartenant à un jeune colon français, M. Cailloux, qui, d'une station centrale de production de force électrique, alimentée par les seules pailles de ses récoltes, envoie dans différentes directions un courant de 5.500 volts qu'il utilise à faire marcher des charrues gigantesques, des batteuses, des pompes à plus de douze kilomètres de sa ferme-usine.

Nous reviendrons d'ailleurs sur cette exploitation intéressante au plus haut point que nous avons visitée avec admiration, et nous serons heureux de donner à ce sujet quelques renseignements que cet aimable colon a bien voulu nous communiquer.

Mais revenons à notre ferme dont nous n'avons pas terminé l'exploration ; elle se complète par des magasins à grains et par un atelier de menuiserie, de ferronnerie où rien ne manque et où le propriétaire fait lui-même toutes sortes de petits travaux. Il n'y a pas, comme en France, des artisans de tous les métiers à proximité : le colon doit savoir manier le marteau et la lime et il ne craint pas de mettre la main à l'ouvrage.

Il ne faudrait pas s'imaginer que cette installation si complète est une ferme modèle prise comme exemple pour les besoins de la cause ; il ne faudrait pas s'écrier : Mais c'est là de la grande culture ; ce colon que vous nous présentez est venu de France avec de nombreux capitaux ! C'est le petit cultivateur qu'il serait intéressant de voir. C'est le débutant, c'est le paysan français arrivé avec seulement quelques billets de mille dans son porte-monnaie !

Mais il n'y a pas, en Tunisie, que des colons fils de famille et gros capitalistes. Nous connaissons des propriétaires de plusieurs centaines d'hectares d'excellentes terres, possédant des fermes parfaitement aménagées, des troupeaux de choix, un matériel de culture complet et perfectionné, qui sont arrivés, il n'y a pas plus de douze à quinze ans, certes avec plus de courage et de bonne volonté que d'espèces sonnantes dans le fond de leur bourse. Les uns se sont placés comme métayers dans de grandes sociétés comme « L'Omnium », « Les Fermes françaises », et y sont restés quelques années ; après quoi ils ont pu s'installer à leur compte. Les autres, un peu plus aisés, ont pris en arrivant un lot de colonisation de la Direction de l'agriculture et bravement se sont mis avec ardeur au travail.

Mais nous en connaissons beaucoup de ces courageux petits colons encore à leurs débuts !

Certes, leur *bordj* est des plus modestes : une ou deux chambres en briques, un mobilier bon marché en bois blanc, des écuries faites d'anciens gourbis et recouvertes en chaume, un troupeau peu nombreux, mais des bêtes bien entretenues, des cultures amoureusement soignées, et le colon lui-même, souvent, conduit sa charrue et dirige sa faucheuse. Sa compagne vaque à tous les travaux du ménage ; le mari est-il absent, elle le remplace dans la direction de la ferme, et comme ils sont économes, comme il n'ont pas peur de leurs peines, comme ils savent travailler la terre, si de mauvaises années ne se succèdent pas, la baraque en briques se transformera rapidement en une maison de pierre, les gourbis seront remplacés par des écuries aux toits rouges, les plants d'arbres fruitiers fournis par le jardin d'essais formeront bientôt un verger et une avenue ombragée, et le petit cultivateur deviendra en quelques années un gros colon qui louera aux Arabes des terres voisines de sa propriété, qui s'agrandira chaque année jusqu'à cultiver 400 à 500 hectares, qui descendra chaque semaine au marché de la ville dans un coquet tilbury et qui sera l'égal de son voisin, le riche colon venu de France avec des capitaux.

Mais à Béja, — et nous prenons comme exemple cette région, non seulement parce que nous l'habitons et l'aimons pour la richesse de ses terres, la beauté de sa campagne, la franchise et la sympathie de ses relations, mais aussi parce qu'elle est aujourd'hui, avec Mateur, un des deux centres agricoles les plus prospères de la Tunisie, — mais à Béja, disons-nous, ces deux sortes de colons sont largement représentés.

Leurs origines sont bien différentes : l'un est né dans une grande ville, dans une vieille famille fortunée ; l'autre a vu le jour dans une humble chaumière de village.

Le premier a fait ses études pendant que le second, dès que ses forces le lui permettaient, gardait les troupeaux en champs ou tenait déjà les bras de la charrue. Puis le régiment les a pris tous les deux. Et, au sortir de cette grande école de la vie, au moment de faire choix d'une profession, le premier s'est dit : Que faire ? Mes rentes me permettent de vivre sans travailler, mais quelle existence vais-je mener ? Une existence de snob, de désœuvré, sans utilité, sans but, sans idéal ! Je me marierai ; je serai heureux sans doute, mais d'un bonheur trop plat, trop monotone. Les fonctions libérales ne me sourient pas, le commerce, l'industrie m'effraient ; j'aime l'activité, les sports, la vie au grand air..., si je me faisais colon !

Le second s'est dit : Je sors du régiment, le père va me donner tant d'hectares de terres, j'épouserai ma promise qui m'apportera tant d'écus ; mais vais-je pouvoir vivre avec cela ? La main-d'œuvre est hors de prix, les impôts sont élevés, les vignes sont perdues... J'ai entendu parler des lots de colonisation que le gouvernement délivre dans de bonnes conditions en Tunisie ; on dit les terrains fertiles, les ouvriers peu exigeants, le climat supportable... Bah ! je suis courageux et qui risque rien n'a rien ! Au lieu de végéter en France, je peux là-bas faire fortune ! Si je me faisais colon !

Et l'un est parti pour ne pas vivre en oisif, considérant que sans but l'existence est par trop vide. Il est parti pour donner libre champ à son trop-plein d'activité, de jeunesse et d'ardeur qu'il ne voulait pas dépenser à faire la noce, pour utiliser les ressources d'intelligence et d'initiative qu'il sentait en lui et qu'il ne voulait pas laisser sombrer dans l'inaction et les plaisirs. L'autre est parti pour gagner de l'argent, pour travailler avec plus d'espoir d'arriver à un résultat qu'en France. Tous deux se sont expatriés avec des sentiments et des buts très différents.

Et, se retrouvant sur la terre d'Afrique, le riche colon a tendu la main au paysan parce qu'ils étaient du même pays, parce que dans leur poitrine battait le même cœur de Français, parce que désormais leur existence allait être la même et que leurs relations allaient devenir fréquentes, et aussi parce que, loin de la mère patrie, on éprouve le besoin de se serrer les coudes, de se rapprocher les uns des autres. Et ces deux hommes qui, s'ils étaient restés en France, ne se seraient jamais fréquentés, jamais connus, tant leurs conditions sociales respectives les séparaient, tant les barrières factices de la société les isolaient l'un de l'autre, ont appris à se connaître et par suite à s'estimer.

Le fils de famille, au contact de ces gens simples, a perdu ce qu'il y avait en lui de trop hautain et de trop gourmé; le paysan, au contact des jeunes gens instruits et distingués, a cherché à profiter de leur science et de leur éducation. Il s'est affiné, a perdu de sa lourdeur, de sa timidité, et c'est ainsi que les uns et les autres, gagnant ainsi à se fréquenter, ont formé une société admirable où les différences d'origine, de fortune se sont fondues dans une réciproque estime et franche camaraderie. Que l'on soit petit ou grand colon, riche ou pauvre, plébéien ou patricien, peu importe : on est frères du moment que l'on est honnête et que l'on est Français !

Et si Béja est une ville si agréable à habiter, si les relations y sont si cordiales, c'est que cet esprit particulier des colons a déteint sur celui de toute la population, et l'on se figurerait être en France, mais dans une France meilleure dans laquelle les préjugés de caste ont disparu, où une solidarité réelle, basée sur la sympathie et la confiance, unit tous les Français, où l'on n'accorde à la politique que l'intérêt qu'elle mérite, où les luttes électorales se passent courtoisement et n'ont pas de lendemain, où tout le monde travaille, se connaît, s'estime sans arrière-pensée, sans dissimulation, sans contrainte.

Puisse cet esprit ne pas se modifier de longtemps et beaucoup de villes de la Tunisie ressembler à Béja !

Bien des personnes en France se font une idée complètement inexacte, pour ne pas dire fausse, de la vie du colon africain. On se le représente volontiers soit comme un gentleman habitant Tunis et ne faisant que de courtes apparitions sur ses propriétés où un gérant le remplace, soit comme une sorte de boyard vivant à l'écart dans son château, ignorant tout de la culture et ayant des hordes d'esclaves qui extirpent pour lui les richesses de la terre sous la surveillance d'un contremaître féroce, véritable garde-chiourme. C'est là une légende qui a été suffisamment ressassée et qu'il est utile et temps de faire disparaître.

Il est nécessaire tout d'abord de s'entendre sur la signification que nous donnons au terme *colon*. Certes, tous ceux qui habitent une colonie sont des colons : les fonctionnaires, les commerçants comme les cultivateurs. Mais, dans notre esprit, quand nous parlons du colon, nous entendons le propriétaire ou le locataire d'une terre qui la met en valeur. Nous écartons par là même de notre définition les propriétaires de domaines qui les louent ou les donnent en métayage et aussi les gros capitalistes qui, possédant dans le sud et le centre d'immenses territoires, les font complanter en olivettes par des *mhrarci*.

Dans ce cadre ainsi restreint, bien rares sont les colons qui habitent la ville et abandonnent la gestion de leurs intérêts à un gérant. Si le domaine est étendu et l'exploitation importante, alors le colon aura besoin de s'adjoindre un contremaître : ce sera généralement un cultivateur de France qu'il fera venir de son pays et qui aura pour mission de le seconder dans tous les travaux de la ferme.

Il ne faut pas cependant pousser les choses à l'extrême et se représenter le colon dirigeant lui-même sa charrue derrière un long attelage de bœufs, sous un soleil de plomb... Il est arrivé souvent au propriétaire d'empoigner l'outil, mais ce n'est que dans des cas exceptionnels et ce n'est pas là son véritable rôle. D'ailleurs, il n'est pas suffisamment fait au climat pour travailler de force par les journées de chaleur et la main-d'œuvre n'est pas si coûteuse qu'il soit obligé de remplacer lui-même un ouvrier. L'insignifiante économie qu'il réaliserait ainsi serait bien souvent annihilée par un défaut de surveillance sur d'autres points.

Le rôle du colon est en effet d'être partout, de tout surveiller, de tout voir. Et la direction de l'exploitation d'un domaine de 300 à 500 hectares n'est point une sinécure : elle suppose un personnel nombreux. Dès l'aube, le maître est debout et doit s'assurer que les animaux de labour ont tous eu leur nourriture ; que toutes les équipes d'ouvriers sont là, prêtes à partir à l'heure fixée ; que les outils sont en bon état et que nul animal n'est blessé ; son contremaître va mettre en train les laboureurs, lui rentre à la ferme, passe l'inspection du troupeau avant qu'il ne parte au pâturage. Cette surveillance est des plus importantes. Les domestiques, bergers, garçons d'écurie sont tous des indigènes, et s'il y en a parmi eux d'honnêtes, beaucoup sont sujets à caution.

Nous nous souvenons d'un colon français qui avait importé de France une superbe écurie de chevaux et juments bretons. Les uns après les autres les animaux mouraient après une très courte agonie, quelques heures à peine, d'un mal mystérieux que rien ne pouvait enrayer. Ce n'est qu'à la huitième ou dixième victime que l'on connut la cause de ce mal étrange : un berger ou un garçon d'écurie qui, pour une raison quelconque, en voulait à son maître, soudoyé aussi par un Arabe du voisinage ennemi de ce dernier, se vengeait en introduisant un bâton dans l'anus des animaux et en leur perforant l'intestin.

Le danger des épidémies est également à craindre, et le meilleur moyen de les éviter est de tenir le bétail dans le plus grand état de propreté possible. Il faut s'assurer que la litière est renouvelée chaque jour, que le fumier ne s'accumule pas sous les animaux, que chaque cheval ou mulet touche bien sa ration d'orge ou d'avoine.

Que de fois, s'étonnant que ses animaux maigrissaient, le colon tunisien s'est avisé de surveiller son garçon d'écurie et s'est aperçu que celui-ci, distrayant chaque jour de chaque ration un litre ou deux d'avoine ou d'orge, les transportait sous son burnous dans son gourbi, et là les disimulait dans quelque vieux sac ou dans une *gargoulette* (1) et, lorsqu'il en avait réuni de cette façon une ou deux *ouïbas*, il chargeait un compère d'aller les vendre au marché.

La visite des écuries passée, le colon monte à cheval et se rend auprès de ses laboureurs. Il a quelquefois trois ou quatre chantiers à plusieurs kilomètres l'un de l'autre : l'indigène n'est pas toujours des plus courageux, et s'il ne se sent pas l'objet d'une surveillance continuelle, il se laissera aller à sa paresse et à son indolence naturelles et le travail n'avancera pas.

Sur la côte voisine, des colonnes de fumée blanche montent en droite ligne vers le ciel limpide : ce sont les feux des défricheurs qui brûlent leurs meules de

(1) *Gargoulette*, vase de terre poreuse servant principalement à l'eau, mais que les indigènes emploient aussi pour conserver les céréales, l'huile, etc.

racines et de branches et fabriquent du charbon de bois dont le prix de vente complètera leur salaire.

Beaucoup de propriétés des environs de Béja comprennent encore de vastes étendues de brousse : chaque année une parcelle de 30 à 50 hectares est, dans chaque ferme, convertie en terre arable. Le coût d'un hectare de défrichement revient pour la brousse seule à environ 50 francs. Là aussi le colon doit aller chaque jour jeter l'œil du maître.

Pendant les semailles, la présence du propriétaire est encore plus utile : l'ouvrier chargé de conduire le semoir en lignes reçoit chaque matin le nombre de sacs de semence nécessaire à sa journée. Que de fois il a été surpris en train de cacher dans le sol, çà et là, pendant les arrêts de son attelage, des petites quantités de blé, d'avoine, qu'il croyait revenir chercher le soir quand tout le monde serait endormi !

Pendant les moissons et les battages, au danger du vol vient s'ajouter celui de l'incendie. Il faut s'assurer chaque matin que les melons laissés la veille sur le champ sont intacts, que les épis d'une gerbe par-ci, d'une autre par-là n'ont pas été habilement coupés pendant la nuit et emportés, qu'aucun sac de graine n'est détourné et caché derrière un buisson pour être repris le soir ; que, sur l'emplacement des meules de paille, le chaume a été soigneusement brûlé, enfin que les incendies de broussailles, si nombreux aux mois d'août et de septembre, ne risquent pas de gagner les fermes et les récoltes.

Enfin, l'Arabe n'est ni minutieux ni adroit. Il lui faut un matériel solide, et encore trouve-t-il le moyen de le fausser ou de le briser. Si le patron ou le contremaître n'est pas là, il n'aura pas l'idée de faire une réparation de fortune, il restera quelque temps à contempler son instrument inutilisable et, résigné, fera faire demi-tour à son attelage pour rentrer à la ferme. Si l'on ajoute à cette surveillance de tous les instants la comptabilité, les achats et ventes de bétail, le commerce des céréales, le travail à l'atelier, les machines à réparer les jours de pluie, la présence à la ville les jours de marché où l'on retrouve les camarades, où l'on s'entretient des cours, traite les affaires, passe les commandes, on se rendra compte que la journée du colon tunisien est bien remplie.

Même la nuit, il n'a pas le droit de se reposer tranquillement et sa surveillance ne doit pas se relâcher. Malgré les crocs des chiens kabyles, malgré le fusil du gardien marocain, les maraudeurs, les voleurs de bestiaux circulent sans cesse et commettent leurs exploits quelquefois d'une audace inouïe.

Un colon de Béja n'a-t-il pas eu la stupéfaction de voir, il y a quelque temps, à son réveil, dans le mur d'une de ses écuries, à un mètre du sol environ, une ouverture béante de plus d'un mètre cinquante de diamètre. Et par ce trou, pratiqué pendant la nuit, des malfaiteurs s'étaient introduits dans le bâtiment, avaient choisi dans le troupeau un joli taurillon pesant de 400 à 500 kilogrammes, et, le soulevant de terre, l'avaient fait passer par le trou et l'avaient emmené. Cette opération s'était faite sans le moindre bruit : les chiens n'avaient même pas aboyé.

Evidemment, dans ce vol comme dans la plupart des vols de bestiaux se découvre tôt ou tard la complicité d'un gardien ou d'un garçon d'écurie, mais c'est une raison de plus pour que le colon soit toujours à sa ferme, connaisse bien le monde qu'il emploie et paie constamment de sa personne en faisant des rondes fréquentes pendant la nuit.

Tout n'est pas rose dans le métier de colon et, pour réussir, il faut une dose de volonté, de courage, de ténacité, d'endurance, qualités précieuses qu'il n'est pas donné à tout le monde de posséder.

Que n'a-t-on pas dit au sujet de la colonisation capitaliste ! Que n'a-t-on pas écrit sur le colon tunisien ! On l'a représenté comme un buveur de sang, un exploiteur de l'indigène, un véritable négrier !

Et quand on arrive de France avec de semblables préjugés, on est enclin à considérer d'un mauvais œil ces grands diables au teint bronzé, au geste prompt, à la parole sonore.

Et, petit à petit, on revient de ce parti-pris ; on s'aperçoit que la réputation qui leur est faite provient d'une légende ridicule, on constate avec étonnement que l'indigène, loin de les redouter, leur demande lui-même du travail, que le khammès, cet esclave moderne, va se faire libérer par eux, que loin de refouler les anciens habitants du sol ils les emploient tous, même en font venir du voisinage, et que partout où la colonisation capitaliste s'est installée non seulement la population indigène s'est accrue, mais encore la misère, la famine ont disparu totalement, les épidémies ont diminué et le bien-être général a augmenté. L'ouvrier aime son maître parce qu'il le sait bon, il le craint parce qu'il le sait rude mais juste, il s'attache à lui parce qu'il sait qu'il le paiera toujours régulièrement, qu'il le défendra si on veut l'exploiter ou le voler, qu'il le conseillera sagement et que sa protection est une protection efficace.

Certes, il n'y a pas de règle sans exception, et il s'est trouvé quelques rares colons, de tout jeunes gens généralement, qui se sont figurés que l'Arabe était une bête de somme qu'on devait faire travailler sans trêve et payer à coups de botte. Ces colons-là n'ont pas fait long séjour en Afrique et plusieurs ont appris à leurs dépens que l'indigène, s'il savait recevoir les coups et se taire, savait aussi attendre et se venger.

Mais, encore une fois, ce n'est heureusement là qu'une rare exception.

Le colon est généralement très bon pour ses ouvriers, et comme dans le monde indigène cela se sait et se répète, celui qui les traite bien et les paie régulièrement trouve une main-d'œuvre de bonne qualité, nous dirons même fidèle et dévouée.

Enfin, ce n'est pas là le négrier décrit par la légende, et celui qui fréquente le colon tunisien voit rapidement son aversion injustifiée se transformer en admiration et en sympathie.

Oui, nous admirons ces Français quels qu'ils soient, petits ou grands, riches ou pauvres, qui viennent arroser de leur sueur la dure terre d'Afrique, qui viennent répandre dans le bled sauvage les bienfaits de la civilisation et faire régner le bien-être et la justice là où n'étaient que misère et servitude.

Nous admirons particulièrement ces jeunes hommes qui pourraient s'ils le voulaient vivre en oisifs dans quelque grande ville et profiter de leur fortune dans un doux farniente, et qui n'ont pas craint de venir s'enterrer dans quelque gorge sauvage, dans quelque désespérante solitude, loin de tout centre, sous un climat quelquefois meurtrier, et d'entreprendre une lutte acharnée contre la nature, contre la sécheresse, contre le sirocco, pour réveiller la vieille terre du Maghreb, endormie depuis des siècles, et faire renaître la vie là où le désert l'avait fait disparaître.

C'est avec joie que nous rendons cet hommage d'admiration à ces courageux pionniers et c'est avec émotion que nous y associons leurs vaillantes épouses. Femmes de colons, qui apportez dans le bled aride la grâce de votre jeunesse, qui égayez de votre charme le *bordj* solitaire et dont le sourire sait dissiper du front du mari les plis pénibles du souci et de la fatigue, épouses dévouées qui avez accepté l'exil, l'abandon du nid douillet de France pour venir partager la dure vie de ceux à qui le sort vous a unies, vous qui êtes de moitié dans leurs labeurs, dans leurs peines, soyez de moitié dans leur gloire. C'est grâce à vous, c'est grâce à la présence d'un être aimé que le colon français a pu s'acclimater en Tunisie, soutenir la lutte, venir à bout de toutes les difficultés, renverser tous les obstacles qui surgissaient à chaque instant sur son chemin ; c'est grâce à vous qu'il a pu reconstituer loin de sa patrie un petit foyer familial, c'est grâce à vous qu'il s'est attaché à son coin de terre d'Afrique, qu'il lui a prodigué ses soins avec amour, c'est grâce à vous que la colonisation a fait tant de progrès et que la civilisation a pu apporter un peu de bonheur et une lueur d'espérance à ce peuple arabe qui ne savait jusqu'alors que souffrir.

Nous n'avons dit, jusqu'à présent, que quelques mots de l'ouvrier indigène ; il est nécessaire de reparler de lui, car, ainsi que l'a écrit M. Pensa [1], il est « l'élément primordial, essentiel de la prospérité de la Tunisie, parce que longtemps encore le colon européen ne pourra travailler la terre comme lui, et comme lui résister à la dureté du climat, à l'excès de la chaleur, à la suffocation du sirocco, à l'atteinte de la fièvre ; le paysan européen peut rarement défoncer la terre lui-même, c'est là une règle générale à laquelle font excep-

(1) Pensa, déjà cité.

tion le jardinier maltais ou le terrassier sicilien. Il faudra que le colon français s'endurcisse à ce climat, y procrée comme en Algérie une race nouvelle ; jusque-là il recourra pour les plus rudes tâches aux ouvriers indigènes. »

La civilisation musulmane l'avait réduit à un état de servage plus dur que le colonat romain et dont l'unique avantage était « de lui garantir, en échange de sa liberté, le minimum de subsistance nécessaire pour vivre[1] ». Le khammessat est une institution inique. M. de Lanessan, en 1887, l'avait déjà stigmatisée quand il disait : « Le khammès est un serf... ; l'influence d'un pareil état de choses sur le régime économique du pays en général, et sur son agriculture en particulier, ne peut être que funeste ».

Le khammès gagne environ 150 fr. par an, c'est-à-dire un salaire insuffisant pour vivre, lui et sa famille. En ajoutant les quelques travaux qu'il peut faire en dehors, il arrive à gagner au maximum par an de 200 à 250 francs.

Le salaire du *m'rharci* peut être évalué aux mêmes chiffres. Avec le colon français, l'ouvrier indigène, employé à l'année, voit de suite son salaire journalier monter à 1 fr. 20 de novembre en avril et à 1 fr. 50 pendant les six autres mois. L'ouvrier qui s'embauche pour les grands travaux, foins, moissons, battages, gagne 2 fr. et même 2 fr. 50 par jour. Et tous les colons se plaignent de ne pas trouver suffisamment de main-d'œuvre.

Cette pénurie tient à deux causes ; d'une part, la population agricole tunisienne n'est pas très nombreuse. Les recensements de 1889-1890 ont indiqué que le nom-

(1) PENSA, *op. cit.*

bre des hommes valides pouvait être fixé à 207.000 (non compris la population de la ville de Tunis). Ces hommes sont, pour la plupart, des ouvriers agricoles.

La superficie totale des terres labourables étant évaluée à six millions d'hectares, il n'y aurait donc qu'un homme par 27 hectares. Cette population rurale n'est pas sédentaire : on ne trouve d'attachement au sol réellement développé que chez les Berbères, moins net chez le Maure, exceptionnel chez l'Arabe, qui, quoique ayant une maison, conserve toujours sa tente.

On constate, depuis quelques années, une tendance manifeste à l'augmentation de la population indigène et, de plus en plus, on emploie la main-d'œuvre étrangère (Tripolitains, Soudanais).

La seconde cause du manque de main-d'œuvre tient au caractère même de l'indigène, à son indolence, sa paresse, son imprévoyance, son horreur du travail régulier.

M. Chailley-Bert [1] a fait de cet ouvrier agricole tunisien un tableau si intéressant et si fidèle que nous extrayons de la belle page qu'il a écrite sur lui les passages suivants :

« Il a, dit-il, sans trop de répugnance, accepté telles ou telles de nos institutions qu'on n'avait point osé faire passer en Algérie, pourtant colonie française ; ainsi, la conscription militaire et le tirage au sort... » Il travaillerait volontiers, « le travail c'est de l'argent et l'argent c'est du pain... », mais « il est fort éloigné de notre conception du travail habituel. Travailler un jour, travailler une semaine, pour gagner de quoi satisfaire à des besoins actuels et impérieux, voilà qui lui semble naturel, mais s'astreindre tout le long de l'année à un

(1) Chailley-Bert, *La Tunisie et la colonisation française*, 1896.

travail quotidien et ininterrompu, travailler quand il ne lui manque rien, quand il voit encore des galettes d'orge dans la corbeille et de l'huile dans la cruche, il juge cela inutile et, à vrai dire, absurde. »

... « Cela est si vrai, que, dans beaucoup d'endroits, les colons sont obligés, pour s'assurer une quantité régulière et constante de main-d'œuvre, d'engager des hommes au mois ou de stipuler qu'en cas d'absence chacun fournira son remplaçant. »

... « L'orgueil et l'ostentation leur enlèvent le plus clair de leur bien. Tel indigène qui n'a pas devant lui 100 fr. achète à crédit un caparaçon de 100 écus et engage au marchand son troupeau ou sa récolte de deux années. Tel autre qui, rentrant au logis, ne trouvera pour toute pitance qu'un peu de lait de chèvre et une poignée de farine, passera trois jours à la *fantasia*, insoucieux du lendemain, risquant vingt fois de rompre le col à son cheval et à lui-même ; avec cela généreux jusqu'à se dépouiller, vaniteux jusqu'à emprunter pour donner, et si fier qu'il ne peut supporter d'être l'obligé de personne. »

... « L'argent éveille en lui l'idée de besoins ou de plaisirs présents, jamais de besoins ou de plaisirs différés. Il n'ose pas compter sur la sécurité du lendemain. Une piastre, un écu, un louis d'or, c'est à ses yeux la possibilité d'une jouissance, mais si incertaine et problématique, si vite goûtée et envolée si vite, qu'il n'ose y associer (ce qui pour nous en double le prix) l'espérance fugitive, à peine s'en promettre le fugitif souvenir.

» Vraisemblablement, il souhaiterait pouvoir mettre en réserve ce qu'il a gagné et attendre l'heure opportune d'en jouir. Mais, entre l'argent épargné avec amour et l'argent dépensé avec joie que d'obstacles et que d'ennuis : le larron qui dérobe, le caïd qui pressure, le bey qui exige l'impôt, le marabout qui demande l'aumône. Devant tant d'ennemis de son bien, ayant tant de chances d'être dépouillé avant d'avoir joui, l'Arabe se préfère à tous : il dépense sur l'heure et son gaspillage lui semble de la sagesse.

» Maintenant, survienne l'Administration européenne avec l'intégrité du fisc, la protection de la police et l'équité des juges, du coup l'indigène ne risque plus rien à économiser. Il comprend alors le rôle fécond de l'argent : il épargne, il accumule, il achète de la terre, il joint l'arpent à l'arpent, il ambitionne de s'arrondir et, dans cet espoir, non seulement ne refuse plus mais vient offrir son marché ; le colon trouve alors en face de lui un peuple laborieux et disciplinable et qui s'enrichit en l'enrichissant lui-même. Cette évolution dans les idées et cette transformation dans la conduite n'exigent pas de très longues années, et déjà le colon tunisien a vu, dans cet ordre de faits, ce que le protectorat lui a valu en dix ans.

» Quand l'indigène en est arrivé là, il est permis de dire que les temps sont révolus : l'heure de la colonisation régulière et grandissante a sonné. Le protectorat l'a bien compris et déjà il a préparé l'outillage et les instruments de travail pour les colons de demain (1). »

Cette évolution dans les idées, que M. Chailley-Bert signalait déjà en 1896, s'est bien accentuée depuis. L'indigène s'habitue petit à petit au travail régulier, et nous connaissons certains colons qui occupent depuis une dizaine d'années le même personnel doit ils sont très satisfaits. Sobre, se contentant comme nourriture de galettes d'orge et d'huile d'olives, habitant à proximité de la ferme un gourbi dont la charpente et tout le mobilier valent à

(1) Chailley-Bert, *op. cit.*

peine dix francs, l'ouvrier indigène qui gagne de 1 fr. 20 à 1 fr. 50 par jour et qui est assuré du travail toute l'année jouit d'un certain bien-être ; en tout cas il est, ainsi que sa famille, à l'abri du besoin. Souvent même le colon lui abandonne quelque coin de terrain où il sème du sorgho et fait pâturer quelques bêtes qu'il possède, achetées sur ses économies.

Sa situation est infiniment meilleure que celle du khammès. Combien de ces malheureux, exploités par quelque propriétaire arabe pour une dette d'argent qu'ils ne parvenaient pas à régler, sont venus trouver le colon français, le suppliant de les libérer. Et celui-ci a payé au propriétaire le montant de sa créance et a pris ses anciens khammès à son service.

Le cas se produit fréquemment, et le nombre des khammès va chaque jour en diminuant : « Le colon n'est pas l'ennemi né de l'Arabe prolétaire, nous disait dernièrement un gros colon des environs de Béja, il est son protecteur dans toute l'acception du terme. Le petit comme le gros propriétaire musulman est le véritable ennemi. Il ne peut admettre, en plein xxe siècle, les idées de liberté, et le khammessat, l'esclavage déguisé, est plus néfaste que toutes les théories jeune-turques proclamées dans les journaux. »

La tâche du colon, nous avons pu nous en rendre compte, est très pénible ; mais le but qu'il poursuit est noble et élevé. Il est naturel que ce soit d'abord pour lui qu'il travaille ; mais, en poursuivant son intérêt particulier, il réalise l'intérêt social ; en défrichant la brousse des coteaux, il augmente chaque jour le patrimoine de la France ; en construisant son bordj dans la steppe désolée, en creusant son puits dans une région aride et sauvage, il porte toujours plus avant les limites de la civilisation et féconde la vie en mettant en valeur les terres arrachées au désert ; il procure aux populations indigènes un travail régulier, bien rémunéré et, en rendant la liberté aux khammès, en contribuant ainsi à faire disparaître à tout jamais les derniers vestiges de cette institution barbare et indigne d'une possession française, il mérite bien de la société et de l'humanité tout entière.

Nous connaissons dès lors le colon tunisien. Ce n'est ni le gentleman ni l'exploiteur de la légende : c'est un homme simple et bon, vivant sur sa propriété, donnant lui-même l'exemple du travail et faisant le bien autour de lui. Nous connaissons aussi la main-d'œuvre qu'il emploie ; ce n'est ni le servage ni l'esclavage, l'ouvrier arabe est un homme libre, bien traité et payé suivant son travail.

Nous allons examiner maintenant quels ont été les résultats de cette collaboration et étudier l'agriculture européenne en Tunisie.

Plutôt que de reproduire ici des renseignements plus ou moins précis et des tableaux puisés dans les ouvrages qui ont paru sur ce sujet ou empruntés aux documents officiels, nous sommes allé interviewer quelques colons de nos amis qui ont bien voulu, avec une bonne grâce dont nous ne saurions trop les remercier, nous documenter complètement sur l'état de leur travaux et sur les progrès réalisés par eux dans leur exploitation agricole.

***

C'est d'abord M. Henry de Magneval, président de l'Association des colons de Béjà, qui, tout en nous faisant visiter ses écuries modèles et parcourir sa superbe propriété de Douémis, étendant sur un vaste plateau, à 400 mètres d'altitude, ses 780 hectares de terres dont une grande partie est déjà en valeur, s'exprime ainsi :

Le domaine de Douémis fut acheté par mon frère et moi en 1903, et, aussitôt, nous en commençâmes l'exploitation ; tout était à créer à cette époque : bâtiments de ferme, maison d'habitation, puits, etc. Le domaine n'était qu'une vaste étendue de brousse ou seuls, çà et là, tachant de brun l'uniformité verte, quelques mechias de terre étaient grattées par des fellahs indigènes.

Les écuries construites, une quarantaine de bœufs achetés, nous nous mîmes à la besogne et, quelques défrichements aidant, nous pûmes ensemencer, à la fin de 1903, 30 hectares d'avoine.

Du bétail indigène d'embouche fut acheté à cette même époque soit à Béjà, soit à Guelma ; quelques vaches et un taureau de Guelma furent mis dans le troupeau pour être la base d'un élevage futur.

Le défrichement s'est poursuivi normalement depuis 1903 ; chaque année 30 hectares de brousse sont convertis en terres arables. Le coût d'un hectare de défrichement revient, pour la brousse seule, à 50 fr. L'ouvrier prenant ce travail à la tâche se trouve rémunéré par la vente du bois et du charbon de bois.

Les céréales cultivées sur le domaine sont les blés durs (*souri-mahmoudi*, *ajari*, *réalforte*) en mélange, les blés tendres (tuzelle de Provence ou de Bel-Abbès), l'avoine blanche du pays, enfin les fourrages (*holba*, vesces), etc.

Toutes les céréales suivent un assolement régulier :

1re année : défrichement et labour de printemps ;

2e année : avoine ;

3e année : jachère ou fourrage semé ;

4e année : blé dur ou tendre ;

5e année : jachère ou fourrage ;

6e année : blé.

Les blés, cultivés sur 150 hectares environ, ne sont ainsi semés que tous les deux ans sur la même sole. Ils reçoivent, outre des façons culturales (labours, hersages, recoupages), 400 kilogrammes environ de superphosphates ou de scories à l'hectare. Ils sont ensemencés en lignes à raison de 90 à 100 kilogrammes à l'hectare.

Le rendement des terres qui, au début, était très variable, croît progressivement, ainsi que l'indique le tableau que voici :

		Quintaux métriques			Quintaux métriques	
1903-1904	Blé,			Avoine,	20	
1904-1905	—	8		—	17	
1905-1906	—	10		—	18	
1906-1907	—	17	avec engrais.	—	27	avec surengrais.
1907-1908	—	12	id.	—	19	
1908-1909	—	13	id.	—	18	
1909-1910	—	14	id.	—	17	
1910-1911	—	18	id.	—	21	
1911-1912	—	14	id.	—	23	
1912-1913	—	16,5	id.	—	18	

Il ne faut pas s'étonner des écarts brusques dans les rendements en avoine, car cette céréale n'est faite que comme culture dérobée et pour utiliser les défrichements, toute la production ne servant qu'à entretenir les bêtes de la ferme.

Les fourrages semés occupent une superficie de 50 hectares annuellement et rendent une moyenne de 30 quintaux métriques à l'hectare.

A la culture du fourrage sec, il faut ajouter une dizaine d'hectares de betteraves, cultivées à titre d'essai depuis trois ans. Leur culture, commencée en 1910 et poursuivie très rationnellement, nous permet d'espérer des rendements plus productifs dans l'avenir. Jusqu'ici, nous avons obtenu 25.000 kilogrammes de betteraves à l'hectare.

Cette culture, qui a pour double but d'utiliser une jachère en détruisant les mauvaises herbes par les binages répétés, a aussi celui d'améliorer le sol pour la culture du blé qui lui succède et de donner, pendant la période estivale, une nourriture verte au bétail.

Dans une même parcelle où cette culture avait été pratiquée, en comparaison avec un labour de printemps et un fourrage vert (orge en vert), le bénéfice réalisé par les betteraves a été de 6 quintaux à l'hectare.

Cette culture a, par contre, le défaut de coûter fort cher, car aux fumures organiques qu'elle exige — puisqu'elle utilise tous les fumiers produits par la ferme — et aux engrais, il faut y joindre le prix d'une main-d'œuvre élevée, car les indigènes ignorent tout de cette plante et refusent de prendre ces travaux, à l'instar des Belges, des Bretons ou des Polonais.

Quand leur emploi se sera généralisé, nous pourrons obtenir, avec des rendements supérieurs, un prix de coût moins élevé, surtout si l'on peut arriver à utiliser soit leur alcool, soit leur sucre industriellement.

Pour la culture, la traction animale est seule en usage. A la traction bovine primitivement employée a succédé la traction chevaline. Le bœuf demande une place plus considérable à l'écurie, environ deux bœufs pour un mulet, et un attelage de bœufs nécessite deux conducteurs tandis qu'un attelage de mulets n'en nécessite qu'un seul. Tous les travaux sont faits par 18 mulets croisés, achetés jusqu'ici sur les marchés, et, depuis un an, 6 juments bretonnes y ont été adjointes. Le travail est plus rapidement fait et l'emploi plus étendu des machines rend le mulet ou le cheval indispensable. Ces bêtes reçoivent une ration journalière de 10 litres d'avoine et de la paille d'avoine.

A la culture des céréales est joint un élevage abondant plus par la quantité que par la qualité, car il est difficile, surtout dans un pays comme la Tunisie, à température excessivement variable et à climat tropical, d'entreprendre des essais coûteux ou négatifs. Les maladies et les épidémies sévissent au moment où l'on s'y attend le moins, et si nos précautions sont prises, c'est aux marchandises d'exportation (sérums, vaccins avariés) que nous devons une non-réussite.

Trois élevages sont surtout pratiqués à Douémis :

L'élevage mulassier, commencé il y a un an à peine avec 6 juments bretonnes et destiné à remplacer les mulets atteints par la limite d'âge. Cet élevage paraît réussir jusqu'ici.

L'élevage bovin, commencé dès le début, arrêté pour avoir voulu surcharger la propriété, 160 bêtes sur 780 hectares (sur des renseignements indigènes disant que la brousse pouvait nourrir largement et copieusement sa bête, alors qu'elle est impuissante à nourrir une chèvre par 10 hectares), recommencé en 1907 sur d'autres données. Les bêtes ne pâturent plus que sur les terres cultivées, 100 bêtes à cornes et une trentaine de veaux, la plupart croisés (salers ou tarentais), forment à nouveau le troupeau bovin.

L'élevage ovin qui, commencé en 1908 avec une centaine de brebis algériennes à queue fine, est croisé avec des mérinos. Il comprend à l'heure actuelle un troupeau de 300 mères et de 200 agnelles destinées à remplacer et augmenter le troupeau. Les agneaux mâles sont vendus à six mois, au prix moyen de 20 fr. l'un.

Toutes ces bêtes ne pâturent guère que sur les terres arables et reçoivent au plus une ration supplémentaire à certaines époques de l'année. Betteraves et fourrage leur sont uniquement destinés.

Nous ne pouvons pas encore poser des conclusions

certaines, mais, de mes faibles connaissances, ainsi que des observations faites sur la plupart des terres avoisinantes, il est permis de tirer de mon exploitation les remarques suivantes :

1° La ferme rationnelle de grande exploitation doit être au maximum de 300 hectares de terres cultivables ;

2° La culture des céréales, rémunératrice en plaine, doit céder en coteaux la première place au bétail et ne doit en aucun cas excéder la moitié des terres arables, *à priori*, si l'on est loin d'un port d'embarquement ;

3° Les cultures fourragères doivent être améliorées et augmentées ;

4° Le bétail indigène est susceptible d'amélioration par le croisement avec des bêtes françaises, surtout si l'on recherche moins la bête de trait que la bête de boucherie ;

5° Eviter les constructions en un point unique de l'exploitation : l'agglomération engendrant la corruption et empêchant, en cas de mauvaises affaires, la vente facile du domaine ;

6° Ne pas s'installer en Tunisie sans de fortes réserves pécuniaires, environ trois fois le capital achat (1) ;

7° Personne ne s'est enrichi en Tunisie en faisant de l'agriculture : la spéculation seule permet les sautes brusques de fortune et de voir des colons riches du jour au lendemain (je ne parle pas de la vigne).

⁂

C'est ensuite M. X..., un jeune colon des environs de Béja, dont le désir exprimé par lui de conserver l'inco-

(1) Nous croyons le chiffre trop élevé. Il est vrai qu'il s'agit d'une propriété en broussailles où tout est à créer. Le chiffre de 300 francs par hectare donné par le propriétaire d'une seconde exploitation que nous sommes allé visiter paraît plus près de la vérité. (*Note de l'auteur.*)

gnito nous fait regretter de ne pouvoir rendre ici publiquement hommage à sa parfaite connaissance de toutes les choses agricoles et à sa charmante courtoisie.

Mon domaine, nous dit-il, répondant de bonne grâce à nos indiscrètes questions, s'étend sur une superficie de 225 hectares qui sont entièrement cultivés. J'y pratique la culture des céréales et l'exploitation du bétail.

Cet élevage porte :

1° *Sur les équidés.* — Le domaine possède 4 juments, dont 2 de race bretonne, en vue de la production mulassière. Les baudets étalons sont fournis gratuitement par la Direction de l'agriculture ;

2° *Sur les bovidés.* — Le domaine possède 60 vaches destinées à produire des bêtes d'élevage. Il achète tous les ans, à l'automne, du bétail maigre qui est revendu au printemps dès qu'il s'est engraissé ;

3° *Sur les suidés.* — Le domaine achète tous les ans, dès les premières pluies (octobre, novembre), une centaine de porcs qui, allant au pacage tous les jours sur les parties non ensemencées de la propriété, débarrassent le terrain des tubercules et racines de mauvaises plantes. Le pacage sur les chaumes de céréales les engraisse assez vite et permet de les vendre en juillet-août.

La culture proprement dite porte sur le blé, l'avoine et les fourrages, avec quelques cultures complémentaires (betteraves, maïs, etc.).

Le domaine de 225 hectares comporte :

1° 216 hectares soumis à un assolement de six ans ;

2° 9 hectares non soumis à l'assolement. Ces 9 hectares se composent des chemins, cours de ferme, les aires à battre, les orges en vert, etc.

Les 216 hectares soumis à l'assolement sont divisés en

6 soles de 36 hectares chacune et cultivées de la façon suivante :

1re année : labour de printemps ;

2e année : blé ;

3e année : avoine ;

4e année : légumineuses ;

5e année : blé ;

6e année : pacage.

Il est nécessaire d'étudier chaque sole avec ses frais et ses recettes pour arriver à établir le bilan du domaine.

Examen de l'assolement. — Première année : labour de printemps. — Ce labour, improprement appelé de printemps, puisqu'il s'effectue en décembre, janvier et février, est le pivot de l'assolement. Il a un triple but : ameublir le sol, emmagasiner les pluies d'hiver, nitrifier les matières organiques du sol. Cette sole reçoit la fumure au fumier de ferme ; mais, malgré la présence d'un abondant cheptel, le domaine ne peut guère fumer qu'environ la moitié de cette sole et à 12.000 kilogr. à l'hectare.

Le labour, de 20 à 22 centimètres de profondeur, est suivi d'un vigoureux hersage pour briser les mottes et éviter l'évaporation. Ce labour est croisé en avril par une façon au polysoc, hersé puis recroisé en juillet. On profite de cette façon pour enfouir les engrais phosphatés. Généralement, ce sont des superphosphates dosant 16/18 employés à la dose de 400 kilogrammes à l'hectare.

On profite de la bonne préparation de ces terres pour faire, en mars, des cultures dérobées, des betteraves, maïs, fourrages, etc., qui serviront à l'alimentation du bétail.

En novembre, la sole entière est semée en blé à

raison de 80 kilogr. à l'hectare, au semoir en lignes espacées de 18 centimètres, après un polysocage suivi d'un hersage.

Cette sole de préparation pour le blé a occupé le terrain pendant un an ; elle a produit :

1° Par sa végétation spontanée, d'octobre à février, de l'herbe qui est consommée par le bétail ;

2° Par ses cultures de printemps : des plantes fourragères qui seront consommées en vert par le bétail à partir de fin juin.

J'estime que le rendement de ces cultures paye la valeur locative du terrain.

2e année : blé. — Semé en novembre, comme nous l'avons indiqué plus haut, le blé supportera tous les frais faits sur la sole précédente et qui sont estimés, en tenant compte des superphosphates, à 90 fr. l'hectare. Elle supporte en outre ses propres frais :

Labours, hersages, semences, semis. . . .	45 fr.
Binages, moissons, mise en meules.	23
Battages, assurances, frais généraux. . . .	52
Total.	210 fr.

Comme normale on peut tabler pour des cultures ainsi préparées, sur un rendement moyen de 16 quintaux de blé par hectare ; à raison de 25 fr. les 100 kilogr. pris à la propriété, cela fait une recette brute de 25 × 16 = 400 francs par hectare, soit un bénéfice net de 400 — 210 = 190 francs par hectare.

3e année : avoine. — A partir du 15 août, les chaumes de blé de la sole II sont brûlés pour faciliter le labour de la troisième sole, qui portera l'avoine. Un labour à 20 centimètres suivi d'un hersage et aussitôt effectué. En octobre, dès que le terrain est suffisamment mouillé, un second labour à 12 ou 15 centimètres suivi d'un hersage permet de faire de suite, au semoir en lignes, les semailles d'avoine à 70 kilogr. à l'hectare.

Les frais de cette culture sont :

Valeur locative du terrain	35 fr.
Labours, hersages, semis, semences. . . .	55
Moissons, mise en meules, battages. . . .	48
Assurances et frais généraux	12
Total.	150 fr

On peut tabler sur une récolte de 18 quintaux valant 14 fr. les 100 kilogr. ; soit, recette brute, $14 \times 18 = 252$ fr., d'où bénéfice net, $252 - 150 = 102$ fr. par hectare.

4e année : légumineuses. — Nous avons vu précédemment que la sole 1 n'avait pu recevoir de fumier que sur la moitié de sa surface en utilisant les fumiers produits de septembre à février.

Les fumiers produits de mars à août sont employés sur la sole IV, mais sur la partie qui n'a pas été fumée lorsqu'elle portait le numéro I.

L'épandage du fumier est suivi d'un labour à 12 ou 15 centimètres et toute la sole est ainsi labourée. En octobre, cette sole sera semée partie en fourrages, partie en fèves. Les fourrages semés sont en général vesces et fenugrec, mélangés à un peu d'avoine pour servir de soutien.

Les fèves sont récoltées en grains et le fourrage, après avoir été coupé, est ou séché pour en faire du foin, ou ensilé.

On peut estimer les frais de culture de cette sole à 130 francs par hectare, pour une production de 225 francs ; d'où bénéfice net de 95 francs par hectare.

5e année : blé. — Dès que le fourrage est enlevé, la

sole est immédiatement retournée par un labour de 20 à 22 centimètres, suivi d'un hersage. Ce labour doit être fait très rapidement pour profiter de l'humidité du sol et avoir terminé avant la moisson des avoines.

En juillet-août, on épand 350 kilogrammes de superphosphates dosant 16/18 par hectare, que l'on enterre par un labour léger suivi d'un hersage.

On sème le blé en novembre :

Frais de culture	220 fr.
Produit : 14 quintaux à 25 fr. = ...	350
Bénéfice net	120 fr.

6e année : pacage. — Cette sole est entièrement réservée au pacage des animaux pendant toute l'année, et elle donne un bénéfice d'environ 20 francs par hectare.

Le bilan de la culture peut donc s'établir comme suit :

Nos des soles	Surfaces	CULTURES	Prix de vente	Frais	Bénéfice à l'hectare	Bénéfice total
1	36	Labours printemps	0	0	0	0
2	36	Blé.	400	210	190	6.840
3	36	Avoine	252	150	102	3.672
4	36	Fourrage	225	130	95	3.420
5	36	Blé.	350	220	130	4.680
6	36	Pacage	0	0	20	720
		BÉNÉFICE TOTAL				19.332

Notons de suite que ce bénéfice ne se retrouve qu'en fin d'année, à l'inventaire, car beaucoup de produits sont invendus, tels que les fourrages, les grains de semences, ceux destinés à la nourriture des animaux, etc.

Cheptel de travail. — Il comprend 12 mulets ou juments et 24 bœufs ; la surface restreinte de la propriété ne permet pas d'envisager de longtemps le problème si intéressant de la motoculture.

L'assolement du domaine permet l'emploi régulier et sans à-coup du cheptel de travail ainsi que de la main-d'œuvre.

Exploitation du bétail. — Le troupeau de bovins est ainsi constitué :

60 vaches de trois ans et au-dessus ;

20 bêtes de deux ans ;

20 bêtes d'un an ;

Les veaux de l'année.

A l'âge d'un an, les veaux sont soumis à un triage sérieux, la ferme ne conservant annuellement que 20 des plus beaux produits, destinés à faire des bêtes de remplacement. Le reste est vendu immédiatement. Le troupeau est aujourd'hui entièrement constitué et entrera dès l'année prochaine dans la phase normale d'exploitation. Le domaine pourra ainsi réformer chaque année une quinzaine de bêtes atteignant dix ans, âge auquel les animaux sont sur le point de perdre de la valeur.

Le régime du troupeau est le pacage (et la sole de pacage est réservée à cet effet), auquel on ajoute un supplément de ration donné à l'écurie. Cette ration varie selon les saisons : en hiver, du fourrage et de l'orge verte ; en été, des maïs, des sorghos fourragers, et, à l'automne, des betteraves. Le troupeau se maintient ainsi constamment en bon état et ne souffre pas des changements de saison.

Outillage. — L'outillage du domaine est l'outillage ordinaire des fermes de la région de Béja. Charrues Brabant double pour les gros labours, polysocs pour les labours légers, semoirs en lignes et à la volée, distributeurs d'engrais, trieurs de grains, herses, rouleaux, faucheuses, râteaux, moissonneuses, etc.

La surface de la propriété ne permet pas d'avoir un matériel de battage à vapeur, et le domaine s'adresse à un entrepreneur qui fournit le matériel, le charbon et les mécaniciens, moyennant une redevance de 1 fr. 20 par quintal de blé et 1 franc par quintal d'avoine.

Main-d'œuvre. — Elle est assurée par les indigènes, sous la surveillance d'un contremaître français. Elle comprend la main-d'œuvre fixe, habitant le domaine et nécessaire aux travaux journaliers, et la main-d'œuvre volante, à laquelle il est fait appel à certaines époques de l'année.

La main-d'œuvre fixe est constituée par 17 ouvriers : 2 charretiers, 3 bouviers et 3 aides, 3 bergers et 2 aides, 1 garçon d'écurie, 3 ouvriers haut-le-pied occupés à des travaux spéciaux ou remplaçant les indisponibles.

Cette main-d'œuvre accomplit tout le travail de la ferme, y compris la conduite des faucheuses et des moissonneuses. Elle reçoit un salaire variant de 1 fr. 20 à 2 francs par journée de travail pour les ouvriers, et de 0 fr. 70 à 1 fr. 20 pour les aides, qui sont en général des jeunes gens de 12 à 15 ans.

Les ouvriers restant plus de deux ans sur le domaine reçoivent en outre, à titre gracieux, la jouissance de 50 ares de terrain qu'ils cultivent avec les animaux de la ferme et qu'ils sèment en blé. Ils arrivent quelquefois à récolter suffisamment de blé pour assurer la nourriture de leur famille pendant l'année.

Ce système a l'avantage, pour le domaine, d'assurer la fixité des ouvriers et de pouvoir exiger d'eux plus d'assiduité et plus d'attention dans leur travail.

La main-d'œuvre volante est appelée au moment des binages des céréales, des fourrages et des moissons.

Son salaire varie de 1 franc à 2 fr. 50 par journée. Elle est constituée par équipes et payée tous les soirs après le travail.

De ces dix années d'exploitation, à Béja, je puis en tirer les conclusions suivantes :

1° Tout agriculteur de métier doit réussir dans la région ;

2° La ferme-type de bonne exploitation doit avoir une surface de 250 à 300 hectares ;

3° Une ferme de cette importance exige un capital d'exploitation d'environ 300 francs par hectare se décomposant en : un tiers pour les constructions, un tiers pour les achats de cheptel, un tiers pour les achats de matériel, paiement des ouvriers, frais divers et réserves ;

4° N'employer autant que possible que la main-d'œuvre indigène locale sous la conduite de surveillants français.

⁂

Enfin c'est M. Cailloux, dont nous avons déjà signalé l'intéressante entreprise, qui nous donne sur son exploitation les renseignements suivants :

Le domaine du Koudiat comporte 1.200 hectares de terres, dont un quart en coteaux légers et le reste en plaine. Elles sont entièrement défrichées et en culture. L'assolement biennal y est adopté. La moitié est cultivée en céréales : blé dur, blé tendre et avoine. La jachère porte environ 100 hectares de fèves et 100 hectares de fourrages, vesces et *sulla*. Le reste est labouré pendant l'hiver et recroisé superficiellement au printemps et en été. Dans les terres fortes, le labour est exécuté en août-septembre, aussitôt après l'enlèvement de la récolte précédente. Deux troupeaux d'élevage de brebis croisées mérinos de la Crau, de 200 têtes chacun, existent sur le domaine.

Pour l'exécution des gros labours d'été et l'approfondissement de la culture, il a été créé une installation de labourage électrique. Cette dernière comprend une station centrale de 120 HP de force, comportant une machine à vapeur chauffée à l'aide de la paille récoltée sur le domaine. La consommation est de trois kilogrammes par HP-heure. Les cendres, riches en carbonate de potasse, sont répandues et constituent un bon engrais. Les terres très riches du domaine produisent de grosses quantités de paille. Les récoltes sont sujettes à la verse et l'on a dû faire de l'écimage une pratique agricole presque courante. Les 600 hectares de céréales produisent en moyenne 15.000 quintaux de paille, dont 10.000 sont disponibles et suffisent à actionner pendant 300 journées l'installation. Le courant est transporté dans les champs à 5.000 volts. Les lignes principales fixes ont vingt-cinq kilomètres de développement et permettent l'exécution des labours et battages dans deux exploitations voisines. Un trolley capte le courant à 5.000 volts et l'amène aux treuils. Ces derniers possèdent un moteur de 80 HP et tous les organes des routières-treuils. Ils sont à simple effet et exécutent des raies de cinq cents mètres. Le matériel de culture comporte une charrue à quatre socs pour les labours de 25 à 35 centimètres de profondeur, et un pulvérisateur à disques pour les façons superficielles. En façon profonde (30 centimètres), on fait en moyenne 4 hectares par jour; en croisements (18 à 20 centimètres), on fait 10 hectares.

Pendant la période des battages, le courant est employé à actionner 5 batteuses à grand travail.

L'installation fonctionne depuis trois ans. Elle exécute en moyenne, par an, 700 hectares de labours profonds et 300 hectares de labours superficiels : 400 hectares de labours profonds, à 30 centimètres, sont en outre exécutés à l'entreprise, à raison de 60 francs l'hectare, dans deux propriétés voisines.

L'exécution des façons profondes a, dans cette région à pluies parfois irrégulières, mais à sols très épais, une grosse importance. Cet approfondissement des labours a permis d'obtenir des augmentations de 2 quintaux à l'hectare pour les labours à 25 centimètres et de 4 quintaux pour ceux à 30 centimètres de profondeur. Il faut y joindre une bien plus grande résistance à la sécheresse et un drainage parfait du sol dans les terres très argileuses.

⁂

Ces exposés, que nous avons reproduits fidèlement, outre qu'ils nous fournissent des indications très intéressantes et très précises sur l'exploitation de domaines du nord de la Tunisie, nous permettent de nous rendre compte des efforts qu'un colon intelligent et persévérant doit faire pour mettre ses cultures en état et pour arriver à réaliser des bénéfices.

Comme le dit M. de Magneval, on ne s'enrichit pas à faire de l'agriculture en Tunisie : on peut vivre largement de son domaine, mais il ne faut pas espérer y faire fortune en quelques années, à moins de faire de la spéculation. Enfin, il faut consacrer à la mise en valeur du sol d'importants capitaux, il faut débuter avec de fortes réserves pécuniaires.

On ne voit pas trop ce que deviendrait le colon sans ressources amené par la gratuité des concessions.

Si beaucoup de ces émigrants, dont nous avons déjà parlé, ont réussi en Algérie, c'est qu'ils se sont lancés dans la viticulture à un moment où elle donnait de sérieux bénéfices. Mais ces temps ne sont plus, la vigne est de plus en plus abandonnée au profit des céréales, et, en Tunisie, elle occupe seulement une superficie de 15.000 hectares (tant aux indigènes qu'aux Européens), alors que les céréales occupent deux millions et demi d'hectares.

Ces trois tableaux de trois exploitations agricoles qui se complètent l'une l'autre nous montrent aussi que, dans le nord de la Tunisie, le colon doit mener concurremment la culture des céréales, les cultures fourragères et l'élevage. Si le terrain et le climat s'y prêtent, il pourra y ajouter la culture de la vigne qui, bien menée, est rémunératrice et permet d'utiliser la main-d'œuvre inoccupée à certains moments de l'année.

Nous croyons nécessaire de donner, sur ces différentes utilisations du sol tunisien, quelques explications complémentaires.

Le *blé* occupe de préférence les sols argilo-calcaires, argilo-siliceux, les limons, les alluvions, en un mot ce que l'on appelle les terres franches. On cultive plus particulièrement en Tunisie les blés durs, dont les principales variétés sont le *mahmoudi*, le *eddeleba*, l'*agelli*, le *souri*, l'*amira*. Il présente les avantages de ne pas craindre les fourmis ni les moineaux. Les indigènes le cultivent presque exclusivement. Depuis quelques années, on a commencé à cultiver le blé tendre dont les rendements sont un peu plus élevés.

L'importance des superficies emblavées varie avec les régions et le régime pluviométrique. Dans les régions de Béja, de Bizerte, et dans la vallée de la Medjerdah, le blé occupe les deux tiers des ensemencements. Dans les plaines de Tunis, de Grombalia, sur les plateaux du Kef et de Macktar, blé et orge occupent des surfaces égales. A Sfax, à Gafsa, à Gabès, dans l'extrême sud, le blé se fait rare et représente à peine le quart des ensemencements. Les indigènes n'en tirent que des rendements faibles, nous l'avons vu, 4 ou 5 quintaux au maximum à l'hectare, mais il est vrai que leurs frais culturaux sont peu élevés.

Le colon français, en soumettant ses terres à un assolement rationnel, peut compter sur un rendement moyen de 8 à 10 quintaux métriques à l'hectare. En améliorant la qualité chimique du sol, en le fumant, en employant des semences mieux appropriées à la nature du terrain et au climat, en pratiquant, si sa moyenne d'eau est inférieure à 400 millimètres, le système de l'assolement biennal en jachère labourée, il peut obtenir des rendements bien supérieurs : 12 à 15 quintaux, et même 15 à 18.

Evidemment, il ne faut pas songer arriver un jour aux rendements de l'Amérique, du Nebraska, du Dakota nord ou du Kansas, mais on cite un colon de Souk-el-Khémis qui, en 1895, et ce n'était pourtant pas une des meilleures années, obtint 22 quintaux de blé sur une grande surface, grâce à une bonne préparation du sol au printemps avec fumure au fumier de ferme.

Des essais faits au jardin d'expérimentation de Tunis, avec du blé de l'espèce *adjemi*, ont donné 27 quintaux, mais on ne peut se baser sur ce résultat obtenu sur une surface restreinte d'expérience.

Les blés de Tunisie, très riches en gluten, pèsent en moyenne 80 kilogrammes l'hectolitre ; leur cours sur le marché de Tunis varie de 23 à 28 fr. le quintal.

En 1911, 576.500 hectares étaient ensemencés en blé ; ils produisirent 2.300.000 quintaux.

Au début de la colonisation, on s'est figuré que le sol africain était toujours le sol merveilleux des Romains et qu'il n'y avait qu'à l'ensemencer pour obtenir des rendements de 100 pour 1. « On s'imagine, dit M. Farges [1], que la terre d'Afrique est toujours vierge et qu'on peut lui demander toujours des récoltes sans lui restituer ce qu'on lui prend. La fameuse légende du grenier de Rome entretient cette erreur... » Les premières années les rendements étaient magnifiques ; de trop grandes surfaces étaient emblavées, la paille était livrée au commerce, et, comme on ne faisait pas encore d'élevage, la production de fumier était trop faible : on épuisait la terre sans lui restituer suffisamment d'aliments, aussi les rendements diminuèrent-ils. C'est alors que le colon se mit, devant la cherté des engrais chimiques, à créer des troupeaux, à produire du fourrage et à établir une rotation entre la partie de ses terres ensemencées en céréales et celle destinée au bétail. De là naquit la pratique des assolements réguliers et par suite l'augmentation de la production.

L'*avoine* était pour ainsi dire inconnue des indigènes avant l'arrivée des colons européens. Elle prend chaque année de plus en plus d'extension et se montre d'ailleurs moins exigeante que le blé et l'orge au point de vue de la nature du sol et de sa préparation. Elle peut venir

(1) Farges, *La culture des céréales en Algérie et en Tunisie*, 1911.

sur un seul labour, réussit sur défrichement, ne craint pas les terrains arides, pierreux, tuffeux, se défend bien contre les mauvaises herbes et s'accommode même des semis tardifs. Elle résiste bien à la sécheresse ; son grain n'est pas trop échauffant pour les animaux des pays chauds, sa paille constitue une nourriture excellente pour le bétail, qualités qui la rendent particulièrement précieuse pour les indigènes, qui ne font pas de réserve de fourrage. Son principal inconvénient est de s'égrener facilement quand elle est mûre, mais l'emploi de la moissonneuse-lieuse permet d'obvier à ce défaut. Elle s'est beaucoup répandue dans le nord de la Régence et des essais satisfaisants en ont été faits dans le sud. L'avoine tunisienne, qui est principalement l'avoine commune à grain jaune, est plus lourde que celle de France, et il n'est pas rare d'en trouver pesant 55 à 57 kilogr. l'hectolitre. Elle vaut de 14 à 17 francs les 100 kilogrammes (1).

En 1900, 60.000 hectares lui étaient consacrés et elle produisit 675.000 quintaux.

Il est bon de la semer tard, en novembre ou décembre, à raison de 150 kilogrammes environ à l'hectare ; elle rend en moyenne de 14 à 15 quintaux et, dans des conditions favorables, 18 à 20 et même 25 quintaux. Les rendements obtenus en culture européenne sont souvent supérieurs à ceux obtenus dans certaines régions de la France. Ainsi, en 1907, l'avoine a donné en Algérie et en Tunisie une moyenne de 15 quintaux à l'hectare, alors que la récolte n'excédait pas 11 q. 3 dans le sud-est de la France et 9 q. 6 dans le Midi.

L'*orge* est principalement répandue chez les indigènes, qui s'en servent beaucoup pour l'alimentation du bétail ;

(1) *Bulletin de la Direction générale de l'agriculture*, 1909.

elle aime les terres légères argilo-siliceuses ou silico-calcaires et produit plus dans les années moyennes que dans les années pluvieuses.

Les indigènes en tirent un rendement d'environ 6 à 10 quintaux à l'hectare, les Européens 16 à 20 quintaux.

On ne cultive, en Tunisie, que l'orge d'hiver ou escourgeon. Très répandue dans le nord, où elle occupe une superficie presque égale à celle du blé, elle domine à Kairouan, à Sousse ; elle est presque exclusive à Sfax et dans tout l'extrême sud.

En 1911, la surface ensemencée en orge était de 482.900 hectares et sa récolte avait donné 2.900.000 quintaux. Elle pèse de 62 à 65 kilogr. l'hectolitre et son prix varie entre 14 et 16 francs le quintal. Cette céréale est un article très important d'exportation, et les orges de Tunisie sont demandées pour la brasserie en France et en Angleterre. Elles sont assez riches en amidon, généralement de belle couleur claire, bien sèches et de bonne conservation. Leur maturité précoce les rend aptes au maltage à une époque où les orges récoltées dans les pays moins chauds y sont encore impropres [1].

Des essais d'acclimatation d'orges de brasserie sélectionnées ont été faits par la station expérimentale de l'Ecole d'agriculture, et 200 à 300 quintaux d'orges ont pu, en 1911, être mis à la disposition des agriculteurs qui en faisaient la demande.

La culture de ces orges peut être étendue en Tunisie et peut devenir une source importante de revenus.

Enfin les *cultures fourragères* tiennent une place importante chez les colons européens. Elles sont intimement liées à la culture des céréales en permettant l'éle-

(1) Orges industrielles, par F. Bœuf, *Bulletin de la Direction générale de l'agriculture*, 1911.

vage qui restitue à la terre, par les fumiers, une grande partie de ses principes fertilisants absorbés par les plantes.

Toutes les terres du nord, si l'année est pluvieuse, produisent, particulièrement dans les fonds de vallons, des fourrages assez abondants et de bonne qualité. Ils sont surtout formés de graminées et de légumineuses et contiennent une grande partie de *sulla* (sainfoin d'Espagne), qui constitue une excellente nourriture pour les animaux. Dans les terres argilo-calcaires, il se développe avec rapidité et devient souvent tellement dense qu'on se croirait en présence de champs ensemencés par la main de l'homme.

Dans le centre et le sud, la rareté des pluies et la sécheresse du terrain obligent le colon, faute de prairies naturelles, à en créer d'artificielles. S'il dispose d'eau en assez grande quantité, il peut, par l'irrigation, obtenir de belles luzernes qui lui donneront de nombreuses coupes ; sans eau, il pourra produire des céréales qu'il coupera au printemps et fera consommer en vert (orge, avoine), des vesces (qu'on sème habituellement avec une céréale), du *hòlba*, du maïs, du sorgho.

Pour l'arrière-saison, il peut recourir à l'opuntia inerme (cactus sans épines), qui pousse dans les terrains les plus secs, les plus pierreux. De grandes plantations d'opuntia existent déjà dans les environs de Kairouan ; la récolte des raquettes ne devant se faire que tous les deux ans, ces plantations sont divisées en deux parties donnant successivement une récolte annuelle. Elles peuvent être d'une grande utilité pour l'indigène et le colon du centre en lui permettant de faire d'importantes réserves de nourriture verte pour l'arrière-saison.

Enfin, les colons du nord cultivent les fèves, les betteraves, les vesces, les pois, qui jouent un rôle important dans les assolements en raison des travaux, binages, sarclages, qu'elle exigent, et qui sont des cultures améliorantes au premier chef. La farine de fèves est recherchée par les minotiers, qui la mélangent à la farine de blé pour donner à la pâte du liant et de l'élasticité. En 1909, plus de 20.000 hectares étaient déjà consacrés à cette dernière culture.

La *vigne* occupait en Tunisie, à la fin de 1911, une superficie de 16.257 hectares, sur lesquels les indigènes ne possédaient que 1.500 à 1.600 hectares réservés à la production des raisins de table.

Le vignoble européen se décompose ainsi : région de Tunis, 9.198 hectares ; Grombalia, 2.335 hect. 36 ; Sousse, 937 hectares ; Bizerte, 738 hectares ; Medjez-el-Bab, 416 hectares ; Souk-el-Arba, 308 hectares ; puis viennent Sfax, 243 hectares ; Béja, 96 hectares ; le Kef, Téboursouk, Tabarca, Zarzis, Gabès, Maktar, et quelques petites taches peu importantes à Thala, à Kairouan, à Gafsa, à Djerba.

La culture de la vigne est tout à la fois le fait de la grande, de la moyenne et de la petite propriété.

En 1906, la grande propriété, variant de 100 à 500 hectares, occupait 3,5 % de la superficie totale du vignoble; la moyenne, de 10 à 100 hectares, occupait 8 % ; la petite, jusqu'à 10 hectares, occupait 88 % (1).

Dans son ensemble, le vignoble tunisien se range dans la catégorie des vignobles à faible rendement ; les plus belles vignes n'atteignent pas 100 hectolitres à l'hectare, et la majeure partie des vignes rapportent de 30 à 35 hectolitres à l'hectare. Les frais culturaux s'élèvent à environ 350 francs par hectare.

(1) *La vigne en Tunisie*, publié par le Syndicat obligatoire des viticulteurs, 1910.

Constitué au moment de l'invasion phylloxérique en France, le vignoble tunisien n'eut d'abord en vue que la production des vins ordinaires, et il fut composé principalement des cépages utilisés dans les vignobles du midi de la France (Carignan, Morastel, Grenache, etc.), et aussi, dans certaines conditions de sol et d'exposition, du Pinot de Bourgogne, des muscats de Frontignan, de Malaga et du Cabernet du Bordelais. Mais, depuis quelque temps, dans le but de s'affranchir des crises commerciales, les viticulteurs tunisiens se sont adonnés à la culture des cépages productifs de raisins de table hâtifs (Chasselas, Madeleine, etc.), de raisins tardifs (Valenzy, Ohanez), ainsi qu'à la fabrication des mistelles et de vins spéciaux, vins de liqueur et de coupage.

Dans cette voie, l'Administration a facilité l'importation d'Italie, d'Espagne, de Portugal et de Grèce des cépages appropriés aux différents types de Marsala, Porto, Madère, Xérès, Malvoisie, muscats, etc., pour les vins de liqueur, et des types Milazzo, Barletta, Priorato, etc., pour les vins de coupage.

Les vins rouges forment à peu près les neuf dizièmes de la production totale du vignoble tunisien et sont, en général, forts en degrés, hauts en couleur et bien corsés ; leur teneur alcoolique varie de 10° à 12° Gay-Lussac, même de 14° à 15° pour les vins de coupage.

Le prix des vins rouges de bonne qualité oscille entre 12 et 25 francs l'hectolitre, pris sur place.

Les vins blancs ont une grande fixité et droiture de goût, se prêtent bien à la champagnisation et à la gazéification : leur titre est de 10° à 15° Gay-Lussac, leurs prix s'établissent comparativement à la valeur des vins rouges, avec une majoration de 5 à 10 francs par hectolitre pour les vins blancs de cépages blancs et de 3 à

5 francs pour les vins blancs de cépages rouges. Le prix de vente des mistelles varie de 20 à 30 francs l'hectolitre, quai Tunis, pour les mistelles blanches ; les rouges comportent une plus-value de 2 à 10 francs, suivant la qualité.

La valeur marchande des vins muscats suit une gamme allant, suivant les types, de 35 à 40 francs l'hectolitre pour les mistelles muscatées de 8° à 10° de liqueur, jusqu'à 100, 150 et 200 francs pour les muscats vieillis et affinés (1).

Le vignoble tunisien jouit du grand avantage d'être à peu près indemne, grâce au climat et aux précautions prises par l'Administration, des maladies cryptogamiques. Le phylloxéra a fait son apparition en mai 1906, à Souk-el-Khémis, mais les mesures radicales employées : destruction de près de 20 hectares, plants brûlés, injections de sulfure de carbone dans le sol, le firent disparaître. Une loi du 24 décembre 1903 prohibe d'ailleurs l'entrée en Tunisie de tous végétaux susceptibles de porter le microbe (ceps, sarments, raisins, etc.) ; une loi plus ancienne, du 29 janvier 1892, oblige tous les propriétaires de plantations de vignes américaines à en faire la déclaration ; enfin, depuis la découverte du phylloxéra, un expert phylloxérique du Syndicat général obligatoire des viticulteurs est à poste fixe, à Souk-el-Khémis, pour la surveillance du vignoble. Les deux lois précitées édictent les mesures à prendre en cas d'apparition du fléau et prononcent des pénalités très sévères contre ceux qui n'auront pas obéi à ces prescriptions. C'est le Syndicat obligatoire qui est chargé de veiller à l'exécution de ces lois.

(1) *Bulletin de la Direction générale de l'agriculture,* 1905 : Vignes et vins.

Le seul inconvénient que rencontrent les viticulteurs, c'est que, la majeure partie du vignoble se trouvant dans une zone de 400 à 500 m/m de pluie par an, les racines manquent d'eau en été et le raisin lui-même se trouve dans une atmosphère trop sèche qui nuit à son développement.

Avant de quitter les cultures du nord de la Régence, il nous paraît utile de dire quelques mots de l'élevage dans cette même région, qui est leur corollaire indispensable.

L'*élevage* est une des branches importantes de l'agriculture tunisienne. Il fut pratiqué par les colons français dès le début du protectorat, mais sur une petite échelle, car les conditions économiques étaient telles que l'exploitation des animaux était peu rémunératrice, un bon cheval valant 300 francs, les bêtes de boucherie se vendant 0 fr. 30 à 0 fr. 40 le kilogramme vif.

Les colons élevaient chez eux les quelques bêtes qui leur étaient nécessaires pour produire la force motrice dont ils avaient besoin, et faisaient consommer leurs pacages par des bêtes d'embouche achetées sur le marché et revendues après engraissement, avant l'été. L'énorme mortalité qui frappait le troupeau tunisien effrayait les colons, et, à part quelques timides essais de croisement faits par de puissantes sociétés ou de riches propriétaires, essais presque toujours désastreux, on peut dire que, jusqu'en 1900, l'élevage, chez le colon français, ne présentait comme amélioration sur l'élevage chez les indigènes qu'un supplément de nourriture donné à l'écurie pendant l'hiver et la construction d'abris pour soustraire les animaux aux intempéries.

Aujourd'hui, les conditions économiques ont complètement changé, et elles seules, à notre avis, ont dirigé l'évolution de l'élevage. Les besoins de l'alimentation militaire en chevaux et en mulets, en même temps que l'installation de nombreux colons auxquels il fallait des animaux de trait, ont déterminé une hausse croissante de ces animaux, qui ont doublé et triplé de valeur, cependant que le recrutement sur place était insuffisant et qu'il fallait importer des animaux de France et d'Algérie. L'augmentation du prix de la viande, qui passait de 0 fr. 30 le kilogramme à 0 fr. 80 et 1 franc sur pied, amenait le colon à s'occuper de produire de la viande ; mais, aussitôt, il se rendait compte que les races tunisiennes qu'il exploitait étaient impropres à cette production et il cherchait, par des procédés zootechniques (sélection et croisement), des races d'animaux plus lucratives à exploiter. En même temps, la création d'un Service de l'élevage à la Direction de l'agriculture et les travaux des vétérinaires qui le dirigeaient enrayaient ou diminuaient les maladies épidémiques, restreignaient la mortalité et donnaient aux colons plus de confiance et de courage dans la voie où ils s'engageaient.

Après avoir posé en principe que la population animale de Tunisie possède de nombreuses qualités, telles que sobriété, endurance, bonne conformation, mais aussi des défauts sérieux, petite taille, tardivité, inaptitude à l'engraissement et à la production du lait, nous allons examiner les progrès réalisés par l'élevage dans chaque catégorie d'animaux.

Espèce chevaline. — L'élevage des chevaux est le seul qui, dans certaines régions de la Régence, paraisse intéresser les indigènes. Nous voyons, notamment dans les régions du Kef et de Kairouan, un élevage très bien compris, et les seuls reproches à adresser aux éleveurs seraient dans le manque de régularité de l'alimentation et dans l'excès de travail demandé aux jeunes chevaux.

Les chevaux de Tunisie sont tous de race arabe ou barbe, ou plus exactement un mélange mal défini des deux races. Dans le nord de la Régence, l'élevage des chevaux se faisait sans aucune surveillance, pas même pour les saillies. Un des premiers soins du Service de l'élevage fut de constituer un livre d'origine (*stud-book* tunisien). Les sujets présentant de beaux caractères du type indigène sont inscrits à ce livre ainsi que leur descendance. Des primes en argent de 50 ou 100 francs sont distribuées chaque année aux meilleurs produits des juments stud-bookées, en même temps que ces produits sont inscrits au livre généalogique. Pour combattre l'indifférence des indigènes dans le choix des étalons, l'Administration militaire, en vue de la production du cheval de guerre, installait des dépôts de remonte dans tous les centres de production chevaline et elle fournissait gratuitement pour les saillies des étalons bien choisis et presque tous barbes ou arabes.

L'intervention du gouvernement s'est arrêtée là. L'amélioration s'est bornée à la question d'hérédité, et l'indigène a continué à négliger un facteur non moins important : l'alimentation. Il faut noter que l'Administration militaire, dans ses achats, recherche trop les chevaux de luxe, ayant de l'apparence, et qu'elle néglige les chevaux communs, cependant bien et solidement construits. Il en résulte qu'elle ne paye pas les chevaux suffisamment cher pour que l'éleveur ait intérêt à nourrir ses produits au maximum car il a trop de déchet. Aussi, l'élevage du cheval est-il de plus en plus délaissé dans le nord de la Régence et remplacé par l'élevage du mulet.

Mulets. — Les demandes de plus en plus nombreuses

de mulets par l'armée et l'agriculture ont amené les colons à s'occuper sérieusement de la production mulassière, et l'on peut dire aujourd'hui qu'elle a pris une place prépondérante dans l'élevage des équidés.

En premier lieu, il fallait augmenter la taille des mulets tunisiens, c'est-à-dire augmenter la masse et le poids du tracteur. L'initiative privée s'adressait à de bonnes et fortes juments recherchées avec soin, mais accouplées avec les baudets du pays. Le progrès n'était qu'un peu de sélection et une meilleure alimentation. Encore fallait-il compter avec la *dourine*, maladie contagieuse dont étaient atteints la plupart des baudets tunisiens.

En 1900, le Service de l'élevage, comprenant le rôle qu'il avait à jouer dans la production mulassière, importait un baudet du Poitou et l'envoyait à Béja pour lui faire faire la monte gratuitement. Les résultats furent surprenants. Les produits conservaient toutes les qualités de la mère mais prenaient du père une plus grande taille. Le baudet étalon ne put bientôt plus suffire à sa tâche, il en fallut 2, puis 3, et, en 1912, le Service de l'élevage installait à Béja une station de monte gratuite composée de 5 étalons (poitevins et pyrénéens, car quelques colons se plaignaient de la mollesse des produits issus du Poitou : le pyrénéen, plus nerveux, devait combattre ce défaut). En même temps, elle en installait à Medjez-el-Bab et à Souk-el-Khémis.

Ce petit historique montre suffisamment le développement pris par cette branche d'élevage et se passe de tout commentaire.

De leur côté, les colons ne trouvant plus en Tunisie les juments de choix qu'il leur fallait en importaient d'Algérie, et, en 1912, n'hésitaient pas à faire venir de

France 130 juments bretonnes qu'ils livraient immédiatement aux baudets. Le Service de l'élevage, dans le but d'encourager les colons dans cette voie, prenait à sa charge les frais de transport de ces juments.

Les indigènes, entraînés par l'exemple et les gros prix auxquels ils écoulent leurs produits, imitent les colons et commencent à nourrir leurs animaux.

Il n'est pas douteux que cet élevage est appelé à se développer de plus en plus, puisque les demandes de mulets en Tunisie sont telles que, le recrutement tunisien ne suffisant plus, on a fait appel aux mulets algériens et, depuis l'année dernière, aux mulets des Pyrénées.

Les bovidés. — Il n'existe, en Tunisie, qu'une seule race bovine. M. Sansson l'a dénommée *race ibérique.* C'est surtout dans l'élevage des bovidés, depuis que les conditions économiques le permettent, que l'initiative des colons s'est affirmée. Mais ils ne pouvaient opérer avec des animaux de race indigène, et il s'agissait d'améliorer cette race de façon à lui conserver ses qualités et à lui en adjoindre d'autres, telles que la précocité, l'aptitude à l'engraissement et à la production laitière. Deux méthodes zootechniques étaient à envisager : la sélection et le croisement. Elles eurent toutes les deux des partisans et des détracteurs. Nous allons les examiner.

1° *Sélection.* — Le professeur Sansson [1] n'hésite pas à déclarer que c'est la seule méthode qui puisse permettre d'améliorer la production, et « qu'en dehors de là, il n'y a qu'utopie et déception ».

Il n'est pas douteux que cette affirmation, exacte en 1898, en ce qui concerne les indigènes et certaines

(1) Sansson, *La production animale en Tunisie*, 1898.

régions de Tunisie, l'est moins aujourd'hui dans la région de Béja.

La sélection consiste à faire, dans la race indigène, un choix judicieux des meilleurs reproducteurs des deux sexes. Cette méthode, d'une sécurité absolue, ne peut qu'augmenter le nombre des sujets bien conformés. Elle a de nombreux inconvénients : sa lenteur, son inefficacité dans l'accroissement de la taille et du poids.

La Société d'élevage de la vallée de la Medjerdah a adopté cette façon de voir ; elle n'opère que par sélection de la race locale. Engagée dans cette voie depuis sept ou huit ans, elle commence à avoir des produits intéressants que nous avons pu voir primer au Concours général agricole de Tunis, en 1913.

2° *Croisement.* — Cette méthode consiste à faire appel à des géniteurs étrangers et à les croiser avec la race locale. Elle ne peut donner de résultats appréciables qu'autant que la race à laquelle on fera appel aura une certaine affinité avec la race locale.

La méthode de croisement a donné lieu, en Tunisie, à de graves mécomptes, à de grosses désillusions. Obligé d'opérer par tâtonnements, les éleveurs ont fait appel à presque toutes les races de France, chacun faisant venir des géniteurs de son pays d'origine. Ces géniteurs, malgré les soins spéciaux qu'ils recevaient, ne tardaient pas à succomber, victimes de la pyroplasmose [1].

Leurs produits étaient toujours mal conformés, déséquilibrés et sans rusticité. Une seule race paraissait devoir donner des résultats sérieux : c'était la race *tarentaise*. De nombreux géniteurs de cette race

(1) Maladie du bétail, comparable à la fièvre paludéenne chez l'homme.

existent aujourd'hui en Tunisie. Leurs produits, d'un poids double de ceux de la race locale, paraissent bien s'acclimater. Ils se montrent aussi rustiques que les animaux du pays, en tant que producteurs de viande, mais nous n'avons pas pu voir de produits de ce croisement utilisés comme tracteurs. Il est donc encore impossible de se prononcer sur l'avenir réservé à cette méthode, quoique tout porte à croire qu'elle doive parfaitement réussir.

M. le président Fallières a bien voulu, lors de son voyage en Tunisie, en 1911, s'intéresser à ces questions de croisement, et il a gracieusement offert à l'Association des colons français de Béja un couple de géniteurs de race gasconne. Nous avons pu voir de leurs produits, âgés de six mois, qui paraissent très jolis.

Quelle que soit la méthode zootechnique employée, elle est vouée à un échec certain si l'alimentation rationnelle ne vient compléter ses effets. Beaucoup d'éleveurs de Béja envisagent cette question d'alimentation comme capitale, et prétendent qu'il ne faut essayer un mode d'amélioration qu'après s'être assuré des réserves de nourriture suffisantes pour alimenter régulièrement son bétail. Leur principe est le suivant : ne choisir, comme bêtes de reproduction, que les vaches arabes bonnes laitières, les loger dans des écuries ; éviter de traire les vaches, pour laisser aux veaux le plus de lait possible ; augmenter la sécrétion lactée en donnant aux mères des aliments aqueux pour compenser les déperditions causées par la sécheresse de l'atmosphère, ces aliments sont constitués par les fourrages ensilés, le maïs et les sorghos fourragers, les betteraves, etc. ; réserver de bons pacages pour les vaches en lactation. Opérant dans ces conditions, ils estiment pouvoir de suite améliorer la race tunisienne par les croisements de tarentais, et ils se sont bravement engagés dans cette voie, se réservant de nourrir leurs produits au maximum.

Les faits semblent leur donner raison, et nous avons pu admirer, dans beaucoup d'écuries de Béja, des élèves magnifiques de très belle venue.

Les ovidés. — Les moutons tunisiens appartiennent à la race asiatique dénommée *barbarine.* Ils offrent cette particularité que la base de la queue est pourvue de masses graisseuses volumineuses qui les fait dénommer « moutons à grosse queue ». Ces masses graisseuses constituent des réserves pour la mauvaise saison.

Ce sont des moutons de grande taille, hauts sur pattes, avec une toison longue et grossière de faible valeur commerciale. Leur viande est de médiocre qualité, mais très appréciée des indigènes. C'est pourquoi, dans l'élevage du mouton, il y a lieu de distinguer l'éleveur qui vend ses produits pour la consommation locale et celui qui vise à la consommation des Européens ou à l'exportation. C'est le cas des colons français, qui ont immédiatement fait appel aux béliers à queue fine.

Le seul croisement qui ait donné de bons résultats est celui fait avec les mérinos de la Crau, qui sont habitués à un climat et à des pacages se rapprochant beaucoup de ceux de Tunisie. Dès la troisième génération, les produits de croisement sont à queue fine.

Les éleveurs ont toujours soin d'infuser du sang nouveau par l'importation constante de béliers, car les géniteurs s'affaiblissent très vite.

Les suidés. — Les Européens seuls s'occupent de l'élevage des porcs. Ils pratiquent cet élevage dans les régions forestières, où ils peuvent soumettre leurs animaux au régime du *panage*. L'Administration des forêts met en location des concessions réservées pour le panage. Les porcs y trouvent de la nourriture à discrétion de novembre à mai. A cette époque, ils sont envoyés dans les régions de culture pour pacager sur les labours et sur les chaumes de céréales, après les moissons.

L'olivier. — Dans le centre et le sud, l'olivier étant la principale production du sol tunisien, nous ne saurions terminer cet aperçu des cultures européennes sans lui consacrer quelques pages.

Il fut introduit à Carthage par les Syriens, et il s'est étendu insensiblement dans toute l'Afrique du nord, constituant sur certains points de véritables forêts et couvrant toute la côte de la Tunisie d'une couronne de verdure.

Au VIIe siècle, les Arabes, dans leur rage de destruction, ravagèrent complètement cette culture, ne laissant subsister çà et là que de rares bouquets d'oliviers. Nous avons déjà parlé d'ailleurs de ces dévastations systématiques dont se rendirent coupables les tribus envahissantes. Nous n'y reviendrons pas.

La Tunisie possédant des qualités de sol et de climat favorables à la culture de l'olivier, il était naturel que l'on songeât à reprendre cette exploitation très lucrative. Les premiers essais sérieux de reconstitution datent de 1800, mais c'est surtout vers 1845 que le mouvement s'accentua, et, au moment de l'occupation, en 1881, la forêt d'oliviers couvrait déjà 18.000 hectares.

Dès 1892, M. Bourde [1], directeur de l'agriculture, avait élaboré tout un plan de reconstitution de la forêt

(1) Paul Bourde, déjà cité, ***Rapport sur les cultures fruitières et en particulier sur la culture de l'olivier dans le centre de la Tunisie***, 1899.

d'oliviers dans le sud tunisien, et ce projet, aujourd'hui réalisé, est une œuvre remarquable par son développement. Nous avons indiqué, dans notre chapitre consacré à la Tunisie romaine, les principales conclusions du rapport qu'il publia à son retour de mission dans le centre, en 1899.

M. Minangoin estimait, en 1901, à un million et demi d'hectares la surface du terrain, de valeur infime, pouvant être avantageusement plantée en oliviers ; il ajoutait que ce terrain vaudrait, au bout de quinze ans, 500 à 600 francs l'hectare (1).

En 1904, on comptait, dans la seule région de Sfax, 200.000 hectares plantés. Sousse possédait à cette époque quatre millions de pieds.

Presque toutes les plantations de Sfax sont faites sur des lotissements de l'Etat. Les terres sialines (2), qui n'ont d'autre valeur que celle de mauvais pâturages à moutons, sont vendues 10 francs l'hectare. Elles sont achetées et plantées soit par de petits propriétaires habitant le pays, soit par des capitalistes français, tels que MM. Mougeot, Boucher, Cochery, qui ont créé des olivettes magnifiques.

La Direction de l'agriculture portait également ses efforts dans le nord de la Régence pour sauvegarder et restaurer les forêts d'oliviers, en réorganisant le service de la *ghaba*. Les forêts des caïdats de Tunis, Zaghouan, Tébourba, Soliman et Bizerte (5.000.000 d'arbres environ), soumises à l'impôt de la dîme, sont placées sous la surveillance du Service de la *ghaba*, qui est chargé de l'administration et de la culture. Le décret du 19 mai 1870, qui a institué ce service, porte que « personne ne

(1) Minangoin, *L'olivier en Tunisie*, 1901.
(2) Terres *sialines*, terres ayant autrefois fait partie du domaine de la famille Siala.

fera l'émondage sans l'approbation écrite du Directeur de la *ghaba*, si la propriété est *melk* (1) et que le propriétaire se charge de cette opération. Quand il s'agira d'un *habous*, le Directeur se chargera de l'émondage qui se fera en présence d'un *amine* (2). »

Ces prescriptions ne furent jamais appliquées. Bien plus, les émondeurs, recevant comme salaire le bois provenant de la taille, étaient intéressés à en couper le plus possible.

Le gouvernement, pour mettre fin à cette déplorable pratique, rattacha le service de la *ghaba* à la Direction de l'agriculture par décret du 20 janvier 1890. La taille fut confiée à des gens habiles ; des concours de taille furent organisés et des primes furent accordées aux meilleurs tailleurs.

En même temps, le greffage des oliviers sauvages augmentait la partie utile de la forêt, et les olivettes, rénovées et restaurées, entraient enfin dans une ère de prospérité magnifique.

Disons tout de suite qu'en dehors des forêts précitées, soumises à l'impôt de la dîme, les olivettes sont soumises à l'impôt *canoun*, qui est de 0 fr. 45 par pied d'olivier, et que les huiles d'olives tunisiennes entrent en franchise en France, tout au moins pour une quantité qui est déterminée chaque année suivant l'importance de la récolte, qu'elles payent à l'exportation de Tunisie un droit de 6 francs par 100 kilogrammes et qu'on exporte annuellement treize millions de kilogrammes d'huile.

Le seul mode de plantation des olivettes usité est celui des éclats prélevés au moyen d'une scie sur les renfle-

(1) Propriété *melk*, propriété franche, susceptible d'achat, par opposition à bien *habous*, c'est-à-dire affecté à *une œuvre pieuse*.

(2) *Amine*, expert officiel nommé par décret beylical.

ments de la base des arbres existants. Ces éclats doivent être sains, peser de 1 à 2 kilogrammes. Ils fonctionnent, au point de vue végétatif, comme des tubercules.

Généralement, la plantation se fait en terrains non défrichés, mais régulièrement tracés en lignes espacées de 15 mètres dans le Sahel et de 24 mètres dans la région de Sfax, et dans des trous carrés de 0 m. 70 à 1 mètre de côté.

La plantation se fait en novembre, après avoir mis dans les trous 25 à 30 centimètres de bonne terre sur laquelle l'éclat est déposé. Il est recouvert de 5 à 6 centimètres de terre et la partie supérieure du trou reste libre. Le remblaiement se fera au fur et à mesure de la poussée de la plante, mais jamais complètement, de façon à toujours former cuvette pour retenir les eaux de pluie.

Au printemps ou à l'automne suivant, il sort plusieurs tiges ; on n'en conserve qu'une à la troisième année.

En année sèche, il est bon de faire un ou deux arrosages de 50 litres d'eau par pied.

Les frais de plantation reviennent à environ 8 francs par hectare.

A partir de la quatrième année, les arbres sont taillés en leur donnant la forme en gobelet. Ils commencent à produire vers la dixième année. C'est à Sfax que la culture de l'olivier est la plus soignée : les arbres sont jeunes, taillés tous les deux ans, le sol sablonneux, les rendements très élevés, atteignant quelquefois 20 francs par arbre (en moyenne, 10 fr.).

Les cultures intercalaires ne sont faites que pendant les dix premières années ; ensuite tout le terrain est laissé à l'olivier et reçoit de nombreuses façons culturales pour qu'il reste propre et meuble, ce qui dispense de faire des cuvettes au pied des arbres. On compte environ 20 pieds par hectare.

Dans le Sahel. — La taille est bien faite, mais les arbres taillés en candélabre. Presque pas de culture intercalaire. La caractéristique est la disposition des terrains en grandes cuvettes, destinées à recevoir les eaux de pluie qui tombent sur les coteaux environnants. On compte environ 50 arbres par hectare, qui rapportent 4 à 5 francs par an, soit 200 à 250 fr. par hectare.

Dans le nord. — La culture opère sur de vieux arbres régénérés et, presque partout, est soumise au régime de la *ghaba*, qui oblige les propriétaires à labourer les oliviers au moins deux fois par an. Les arbres sont très rapprochés, 100 pieds par hectare. Le rendement dépasse rarement 1 fr. par arbre, soit 100 francs par hectare.

Lorsqu'il s'agit de constituer une olivette, le propriétaire a le choix entre deux systèmes : l'exploitation directe et le contrat de *mougharça* ou de *m'rharça.*

Par le contrat de *mougharça*, nous l'avons vu en étudiant les principaux contrats de travail indigènes, le propriétaire fournit le sol au cultivateur, qui, en échange, complante le terrain et soigne l'olivette jusqu'au moment où les produits arrivent à payer les frais d'entretien (environ 10 ans). A ce moment, l'olivette est partagée par moitié. Le prix de revient, avec ce système, est d'environ 7 fr. 50 par arbre.

L'exploitation directe se fait généralement sous la surveillance de gérants et arrive à coûter environ 8 fr. par arbre. Elle a l'avantage de conserver au propriétaire la totalité de sa propriété et de lui éviter tous les ennuis résultant du partage.

Un olivier arrivé à l'âge adulte coûte environ 2 fr. 25 par an pour son entretien. L'impôt *canoun* étant de

0 fr. 45 par pied, le coût annuel d'un arbre est donc de 2 fr. 70.

Si l'on admet, comme moyenne, un rendement de 10 francs par arbre, on peut donc tabler, à partir de la vingtième année, sur un bénéfice moyen de 7 fr. 30 par arbre.

D'après M. Minangoin, le rendement moyen des oliviers, à Sfax, est le suivant :

A 8 ans,	20 litres d'olives	à 15 °/₀ de rendem^t =	3 litres d'huile
10 —	40 —	15 —	6 —
15 —	60 —	20 —	12 —
20 —	80 —	25 —	20 —

La production totale d'huile d'olives en Tunisie oscille entre 300.000 et 500.000 hectolitres, dont environ la moitié est consommée sur place.

Les huiles tunisiennes sont très pures, limpides, légèrement fruitées, et, en général, très appréciées ; c'est ce qui explique leur exportation en pays étrangers, malgré le régime de faveur dont elles jouissent pour entrer en France. C'est ainsi que, en 1907, la Tunisie exportait en Italie et à Malte 3.200.000 kilogrammes d'huile et 200.000 kilogrammes en Norwège.

Les huiles résiduaires et les huiles de grignons ne sont pas comestibles ; elles sont utilisées dans la fabrication des savons et pour le graissage des machines.

CONCLUSION

Ce qu'il reste à faire en Tunisie. — La culture scientifique. — L'agrologie. — Le *dry-farming*. — La motoculture. — Amélioration des cultures. — Nécessité du peuplement français de la Tunisie. — Le rôle de la France vis-à-vis des indigènes.

On peut se rendre compte, par l'exposé qui a précédé, que depuis le jour où les premiers colons français sont venus planter la vigne à l'Enfida, à Sidi-Talet, à Oued-Zergua, d'immenses progrès ont été réalisés.

Certes, si l'on compare l'état actuel de la Tunisie à son état lamentable de 1881, on ne peut s'empêcher de trouver considérable le chemin parcouru ; mais si nous étendons nos points de comparaison, si nous jetons les yeux sur les pays agricoles de l'Europe ou de l'Amérique, seulement sur notre voisine l'Algérie, notre enthousiasme passager fait place à une sage modération, et, au lieu de dire : nous avons beaucoup fait en Tunisie, nous disons : il nous reste beaucoup à faire.

La culture des céréales, nous l'avons vu, est la culture essentielle de tout le nord et d'une grande partie du centre de la Régence ; elle avait autrefois contribué pour une grande part à la fortune de la province romaine, et en tout temps, dit M. Farges [1], la prospérité de l'Afrique du nord a été basée sur cette culture, toutes sortes de conditions : climat, sol, histoire, état social, tradition lui en faisant une nécessité.

(1) Farges, *La culture des céréales en Algérie et en Tunisie*, 1911.

Quel est, à ce point de vue, sa situation actuelle ?

En 1911, 567.500 hectares étaient consacrés au blé ;
— 482.900 hectares à l'orge ;
— 60.000 hectares à l'avoine.

Au total, 1.110.400 hectares.

Quels ont été les rendements la même année ?

Les documents officiels nous donnent les chiffres suivants :

Blé : 2.300.000 quintaux ;

Orge : 2.900.000 quintaux ;

Avoine : 675.000 quintaux.

C'est-à-dire, par hectare, un peu plus de 4 quintaux de blé, un peu plus de 5 d'orge et un peu plus de 10 d'avoine.

Non seulement les superficies consacrées aux céréales sont loin d'occuper tous les terrains qui leur seraient favorables, mais surtout les rendements sont d'une faiblesse extrême.

Les Européens arrivent à produire en blé une moyenne de 8 à 10 quintaux, mais les cultures indigènes ne donnent que 3 quintaux et la moyenne générale tombe à 3 quintaux et demi.

Il en est de même pour l'orge, et si l'avoine paraît avoir un rendement élevé, c'est que les Européens seuls la cultivent.

En France, en 1911, le rendement moyen en blé était de 13 q. 8 à l'hectare, en Algérie de 7 q. 4, en Autriche de 13 q. 2, au Canada de 13 q. 5, aux Etats-Unis de 8 q. 4.

L'antique grenier de Rome est donc loin de son ancienne réputation. Sans aller jusqu'à dire que la Tunisie peut retrouver sa prospérité d'antan, nous sommes persuadés qu'elle peut faire beaucoup mieux.

En ce qui concerne les indigènes, il est nécessaire de

les amener à perfectionner et leur outillage et leurs méthodes culturales. Déjà le gouvernement a favorisé le développement de l'emploi de la charrue française en réduisant l'*achour* (1) de neuf dixièmes pour tous ceux qui labouraient avec cet instrument des terres entièrement défrichées ; déjà des tournées de conférences sur des sujets agricoles, faites en langue arabe, les jours de marché, dans les principaux centres, ont été organisées ; déjà des champs d'expériences ont été créés sur leurs propriétés, des semences sélectionnées leur ont été distribuées.

Il est absolument nécessaire de persévérer dans cette excellente voie, et nous ne devons pas hésiter à faire de grands sacrifices pour encourager, chez les Arabes, l'emploi de bonnes pratiques culturales, leur donner des primes, leur accorder des dégrèvements complets d'impôts, aller même jusqu'à glorifier les propriétaires indigènes qui, comme nous en connaissons plusieurs dans la région de Béja, font venir des contremaîtres français pour diriger des exploitations agricoles absolument modernes et consacrent à l'installation de leurs fermes et à l'amélioration de leur outillage d'importants capitaux. On ne saurait trop les en féliciter et les donner comme exemple.

En ce qui concerne les colons français, le gouvernement du protectorat doit poursuivre un double but et nous l'avons déjà précisé en partie : 1° compléter et achever l'œuvre du peuplement français en facilitant l'installation de nouveaux colons, et, pour cela, se procurer des terres qu'il mettra à leur disposition dans les meilleures conditions possibles ; 2° prendre l'initiative

(1) *Achour*, impôt portant sur les cultures du blé et de l'orge, sorte de dîme dont la quotité est de 4 hectolitres par *mechia* ensemencée, mais qui est payée en argent d'après un taux de conversion fixé chaque année.

de la détermination des progrès réalisables par le développement de l'expérimentation directe, par la création de fermes-écoles de plus en plus nombreuses, par l'installation, à l'instar de la Belgique, de l'Italie, des Etats-Unis, de l'Autriche, de stations agronomiques, d'instituts zootechniques dotés d'importantes subventions, de chaires ambulantes d'agriculture, par des encouragements de plus en plus étendus à l'élevage, par l'organisation de syndicats d'éleveurs, en abordant, comme en Algérie, la réalisation de grands travaux d'hydraulique agricole.

De leur côté, les colons français, qui servent constamment d'exemple aux indigènes, doivent rompre délibérément avec les tâtonnements, s'inspirer de tous les progrès de la science agricole et se livrer de plus en plus à la culture intensive. C'est une nécessité de tirer du sol le maximum de rendement. L'agriculture est devenue une véritable science. Il ne suffit plus au colon moderne d'être un énergique conducteur d'hommes et un bon gérant de ferme, il doit connaître les principes de chimie et de physique qui régissent la vie des plantes, il doit connaître les pouvoirs nitrifiants des différents terrains, l'action des acides organiques sur la germination, les phénomènes de capillarité qui règlent le mouvement de l'eau dans le sol, le rôle des ferments, etc. Il doit perfectionner sans cesse son outil de travail dans le but d'arriver à la meilleure préparation du sol possible, et, s'inspirant des principes de la chimie agricole, il doit faire de sa terre le milieu le plus favorable à la répartition, à la conservation, à la circulation des eaux, comme aussi au libre jeu des activités nitrifiantes et des phénomènes de toutes sortes qui accompagnent le développement de chaque plante.

Les admirables travaux des Dumas, des Liebig, Boussingault, Rissler, Schlœsing, Berthelot, pour ne citer que les plus connus, ont donné naissance à une véritable science, l'*agrologie*, qui est « la base même de toute agriculture rationnelle et doit être de même la base de la mécanique agricole (1). »

Le colon doit se tenir au courant de tous ces progrès scientifiques, qui lui permettront d'améliorer ses cultures et de tirer, de jour en jour, plus de profits de sa propriété.

La couche d'humus est-elle insuffisante ? Sachant qu'elle est un produit de la végétation, il pourra l'augmenter, même la produire, en laissant quelque temps ses terres en friche, en enfouissant des récoltes avant maturité (engrais verts), en retournant sitôt après la moisson les déchets de ses récoltes (déchaumage), et, en Tunisie en particulier, où les pluies sont irrégulières et souvent rares, où la sécheresse est le grand ennemi, il apprendra à travailler son sol de manière à ce qu'aucune goutte d'eau du ciel ne soit perdue et à ce que la réserve d'humidité emmagasinée dans le sous-sol s'évapore le plus lentement possible par la surface nue de la terre et profite ainsi tout entière à la plante. Il comprendra que si la pluie tombe sur un sol non ameubli, elle glissera à la surface et s'engloutira dans les crevasses sans profiter à la plante, tandis que si elle tombe sur une terre finement ameublie, elle y pénétrera comme dans une éponge, se répandra partout et arrivera tout entière jusqu'aux poils absorbants des racines qui en feront profiter la jeune pousse. Il se rendra compte alors de l'utilité des labours dits de printemps, qui permettent au sol de recueillir les

(1) C. Julien, *La motoculture*, 1912.

pluies de l'été et du commencement de l'automne et d'emmagasiner une provision d'eau considérable. Et, pour que ces labours procurent toute leur efficacité, il ne suffira pas seulement de retourner la terre en mottes épaisses, mais il faudra la biner, l'ameublir superficiellement et créer entre cette couche superficielle finement triturée et le sous-sol une structure interne spéciale qui permettra à cette eau de se répartir convenablement et de remonter facilement plus tard, par capillarité, au moment de la germination, jusqu'à la plante. Enfin, détruire tout parasite absorbant une partie de ces réserves d'eau : il ne devra conserver sur le sol que les végétaux objets même de sa culture.

Cette méthode, qui s'est généralisée en Algérie et en Tunisie, est une application du *dry-farming*, ou culture en terre sèche, préconisée par les Américains du Far-West, qui conseillent, pour les régions où il tombe au maximum 400 m/m d'eau (et c'est le cas de nombreuses régions de la Tunisie), l'ordre de travaux suivant :

1° Déchaumage à la herse à disques donné en juillet, aussitôt après l'enlèvement de la récolte ; 2° un labour profond en hiver, de janvier à avril, suivi immédiatement d'un hersage ; 3° un scarifiage, d'avril à la fin de la période pluvieuse ; 4° entre la fin de la période pluvieuse et les semailles, des hersages aussi fréquents que possible, mais, en principe, un aussitôt après chaque période de pluies [1].

Ce système, qui a l'inconvénient de laisser la moitié de la superficie consacrée aux céréales inculte et de faire perdre ainsi le fourrage donné par la végétation spontanée de la jachère ordinaire, est souvent, en Tunisie, remplacé par le système de la jachère culti-

(1) Farges, déjà cité, *La culture des céréales*.

vée, qui consiste à semer une légumineuse (pois chiches, fèves, betteraves) l'année où l'on ne fait pas de céréales.

Un colon de Sétif, M. Ryff, en 1898, a imaginé un autre procédé : la culture à grand écartement. Deux lignes de céréales à 20 centimètres séparées par des vides de 0 m. 70 à 0 m. 80 que l'on entretient propres et meubles par un ou deux binages exécutés en mars, avril et mai. Cette surface de terre inculte et ainsi nettoyée de tout parasite assure aux doubles lignes d'à-côté l'humidité nécessaire qu'un espace plus restreint n'aurait pu leur procurer. Après la moisson, ces doubles lignes sont labourées et l'espace de 70 à 80 centimètres qui est laissé en jachère binée est ensemencé à son tour par une double ligne. C'est l'assolement biennal : une moitié du terrain produit et l'autre reste en jachère.

Un autre colon algérien, M. Bourdiol, a eu recours à des binages continus : il divise son champ en bandes cultivées d'une largeur moyenne de 0 m. 80 à 0 m. 90, séparées par des raies de 0 m. 15 à 0 m. 20 qui sont seules ensemencées. Dès que les lignes de céréales sont bien visibles et que le sol le permet, on fait un labour léger ou binage interlinéaire ; ce binage est répété après chaque pluie, dès que la croûte superficielle se dessèche et se fendille. Ils seront continués jusqu'à maturité, sauf si l'état des récoltes pendantes ne permet pas à ce moment le passage des outils et des animaux, puis deux fois au moins pendant l'été, après la moisson faite. La deuxième année de cette méthode culturale, on peut, dès le commencement d'octobre, procéder aux semailles en ensemençant cette fois le milieu des bandes interlinéaires de la culture précédente.

La végétation acquiert de cette façon une force prodigieuse, « et par cette méthode, dit M. Julien [1], à qui nous empruntons ces renseignements, l'humidité absorbée et retenue aussi longtemps que possible, la nitrification abondante et les transformations chimiques favorisées au maximum par un milieu chaud et humide, même en été, profitent tant aux récoltes en terre qu'à celles qui suivront. »

Ce système, dit algérien, semble démontrer que la qualité du labour a une importance plus grande que sa profondeur. M. Bourdiol, en semant directement sur cette jachère interlinéaire ainsi entretenue, a obtenu des rendements aussi élevés que sur des parcelles identiques, ayant reçu les mêmes quantités d'eau et de fumure, où des labours profonds avaient été exécutés avant les semailles.

Il importe dans les labours de ne pas tasser le sol au-dessous de la couche de terre ameublie, car cette surface lisse et durcie isole la couche superficielle du sous-sol et empêche les phénomènes d'absorption et de capillarité de se produire librement. On reproche précisément au soc de la charrue actuelle de cirer le sol.

De même, les instruments trop lourds, les tracteurs, les grosses locomobiles, même les pieds des animaux, ont cet inconvénient de créer à une certaine profondeur une croûte durcie que la pluie et les racines ont peine à traverser.

On a donc été amené à perfectionner l'instrument de labour et à rechercher un outil qui produirait un émiettement parfait du sol sans le tasser, c'est-à-dire qui se rapprocherait le plus possible du travail obtenu avec une bêche.

(1) Julien, *La motoculture*, déjà cité.

Ce sont ces recherches, dont le point de départ a été une étude approfondie de la constitution du sol et des phénomènes physiques dont il était le siège, qui ont donné naissance à la *motoculture*, qui a fait de nos jours de si merveilleux progrès.

On a voulu éviter le piétinement du sol par les animaux de trait et son tassement par les gros tracteurs, et on en est arrivé au labourage par câble qui est entré, avec la vapeur, dans le domaine de la pratique. Nous ne nous arrêterons pas à l'énumération et à la description des différents systèmes employés : labourage à double treuil ou à chariot d'ancrage, machine motrice fonctionnant à la vapeur, au pétrole ou à l'électricité, usine électrique fixe ou groupes électrogènes ambulants. Nous avons vu quelle ingénieuse utilisation de la force électrique avait faite M. Cailloux dans sa propriété du Koudiat ; de pareils résultats ne sont acquis qu'au prix de bien des tâtonnements et bien des essais coûteux. Il a fallu à ce colon une admirable persévérance pour arriver à mettre au point une exploitation agricole de ce genre.

Mais ces installations grandioses ne sont pas à la portée de tous les colons et nécessitent de très gros capitaux. Il faut aussi une constitution spéciale du terrain qui ne se retrouve pas partout en Tunisie. Les constructeurs se sont appliqués à créer, depuis quelque temps, des appareils pratiques qui seraient automobiles et effectueraient eux-mêmes le travail agricole, c'est-à-dire que la force motrice serait utilisée et à la translation de la machine sur le sol et à la marche de l'outil de travail.

Un ingénieur suisse, M. de Meyenburg, croit avoir trouvé l'instrument idéal de culture en construisant un *motoculteur* léger, peu coûteux, faisant un travail parfait, pouvant servir à plusieurs fins et utilisable sur tous les terrains.

Cet instrument, que nous n'avons pas encore eu l'occasion de voir fonctionner, arrache la terre par des griffes articulées, élastiques, fixées sur un axe rotatif, et l'ameublit aussi bien que pourrait le faire la bèche d'un jardinier.

Ce motoculteur, qui peut labourer jusqu'à 25 centimètres de profondeur et qui déchiquette et incorpore au sol les fumiers, chaumes et plantes vertes, peut aussi être employé comme tracteur et peut traîner des faucheuses, des moissonneuses, des chariots sur route, etc.; à la ferme, il peut servir à actionner des batteuses, des dynamos, des pompes. Evidemment, s'il répond aux éloges qu'on a fait de lui, il peut provoquer une véritable révolution dans l'agriculture, et son prix modéré le met à la portée de la petite comme de la grande culture.

Quoi qu'il en soit, toutes ces améliorations de l'outillage agricole n'ont pour but que de créer un façonnement de la terre propre à sa plus grande production.

La culture tunisienne doit s'inspirer de tous ces perfectionnements, et, déjà, les principes du *dry-farming* ont reçu de nombreuses applications sur le sol de la Régence.

Plusieurs colons pratiquent le système Bourdiol des cultures de céréales en lignes espacées ; la plupart ont reconnu l'efficacité des labours de printemps, des déchaumages, des travaux préparatoires : binages, hersages, etc.; tous ont amélioré progressivement leur outillage. Le semoir à la volée fait de plus en plus place au semoir en lignes, qui permet d'enterrer le grain à la profondeur adéquate à la préparation du sol et à l'espèce cultivée ; les herses à disques, les rouleaux crosskills se substituent petit à petit aux rouleaux ordinaires et empêchent la compression de la couche superficielle ; les distributeurs automatiques répartissent mieux les engrais, les charrues perfectionnées réalisent un ameublissement meilleur de la terre. En même temps, l'emploi de semences sélectionnées augmente les rendements et leur préparation par le sulfatage prévient les maladies cryptogamiques, telles que la rouille et la carie. La connaissance plus approfondie de la chimie agricole, la compréhension des lois si importantes de *restitution* et du *minimum* permettent de rendre au sol, par un emploi rationnel des engrais naturels ou chimiques, les éléments qui lui ont été enlevés par les récoltes et de compléter ceux de ces éléments qui ne sont pas, dans son sein, en quantité suffisante.

Quand tous les colons européens pratiqueront une culture scientifique appropriée à la nature du sol et au climat, quand le gouvernement comprendra que les questions de l'hydraulique agricole doivent, dans les pays de grande colonisation comme la Tunisie, « avoir le pas dans l'organisation économique sur la question des chemins de fer, car elles seules sont capables de développer sûrement la richesse foncière sur laquelle les Etats peuvent asseoir leur crédit en vue des grands travaux d'intérêt public (1) », quand il aura trouvé le moyen de s'entendre avec la *djemaïa* pour mettre à la disposition des colons français les immenses territoires qui rentrent dans la catégorie des *habous* privés, actuellement maltraités ou négligés par des *mokadems* (2) trop intéressés ou trop indifférents, quand tous

(1) Julien, *op. cit.*

(2) *Mokadem*, administrateur d'un bien *habous*, représentant les dévolutaires.

les fellahs arabes auront abandonné leur araire de bois pour adopter la charrue française, quand tous les propriétaires indigènes se seront vus, par une bienfaisante intervention de l'autorité administrative, obligés de renoncer à la pratique du *khammessat*, essentiellement préjudiciable au progrès, alors seulement la Tunisie deviendra un grand pays agricole et verra ses rendements en céréales égaler, peut-être même dépasser ceux de France ; seulement alors elle se rapprochera de cette ère de prospérité qu'elle a connue sous les Romains, ses campagnes se couvriront de cultures soignées et s'émailleront des toits rouges des fermes ; seulement alors elle sera ce qu'elle doit être : un pays de grande production agricole.

Mais ce n'est pas tout, et l'Etat a un autre devoir non moins impérieux à remplir : il faut qu'il achève l'œuvre de peuplement de la Tunisie et qu'il établisse dans les grandes plaines de l'Afrique du nord une nombreuse et saine population rurale française. M. Jules Saurin [1], avec une admirable ténacité, s'est fait le champion de cette cause éminemment patriotique et a jeté à maintes reprises le cri d'alarme contre l'invasion de la Tunisie par les Italiens. Le péril italien existe, ce n'est pas un mythe ! Déjà les sujets du roi Victor-Emmanuel sont trois fois plus nombreux que nos nationaux en Tunisie, déjà ils occupent des milliers d'hectares, ont leurs villages purement italiens, leurs écoles, leurs sociétés, leurs puissants syndicats financiers. Déjà, en 1893, Jules Ferry écrivait : « Les intérêts italiens ! Mais ils ont tiré le profit le plus direct, le plus certain de tout ce que l'Administration française a fait depuis dix ans pour la

(1) Jules Saurin, *Le peuplement français en Tunisie*, 1910.

prospérité de la Tunisie. C'est au grand bénéfice de 30.000 Italiens laborieux, émigrés des provinces méridionales, que la France a apporté dans ce beau pays l'ordre matériel et financier, l'honnêteté administrative et judiciaire, tous les bienfaits d'une direction intelligente et progressive ; les millions que la colonisation française y accumule d'années en années, c'est en salaires qu'il se répandent sur les braves gens des Calabres, de la Pouille et de la Sicile, qui viennent chercher, à l'abri de notre drapeau, le travail qui leur manque dans la mère-patrie [1]. »

Aujourd'hui, ils sont 150.000 contre 45.000 Français dont la majeure partie sont des fonctionnaires. Le seul remède est de favoriser, par tous les moyens possibles, l'introduction de nos nationaux en Tunisie et particulièrement l'installation des cultivateurs français.

Dans une brochure parue en 1906, M. de Fages [2] traçait un programme de grands travaux dont l'exécution lui semblait indispensable pour mener à bien l'œuvre de colonisation entreprise.

Le mouvement de colonisation, constate-t-il, est stationnaire depuis quelques années : la cause en est que la réserve des anciens biens domaniaux de l'Etat est à peu près épuisée et que le prix des terrains dont l'Etat effectue l'achat en vue de la revente a une tendance constante à la hausse. Actuellement, dit-il, le nombre des demandes présentées à l'Administration tunisienne est constamment supérieur à celui des lots disponibles, malgré la restriction volontairement apportée dans la métropole en vue de ne pas augmen-

(1) Jules Ferry, Préface au livre de Narcisse Faucon, *La Tunisie avant et depuis l'occupation française*.

(2) De Fages, *Etablissement d'un programme de grands travaux en Tunisie*, 1906.

ter le nombre des demandeurs évincés : « D'autre part, l'Etat, en ne faisant ses achats de terres que d'après ses ressources annuelles et le nombre de demandes qu'il reçoit, s'expose à payer de plus en plus cher les lots dont il a besoin. Il grève ses crédits, et, en se récupérant sur l'immigrant, diminue d'autant les ressources de ce dernier. Il éviterait tous ces inconvénients en consacrant dès maintenant une somme importante à l'achat de terres qu'il tiendrait en réserve. »

Il faut que l'Etat, sans hésitation, consente à tous les sacrifices nécessaires. La colonisation de la Tunisie n'est plus à son enfance ; la période des spéculations doit être considérée comme terminée. Il faut, pour fortifier notre possession, créer entre elle et la France un courant d'immigration continu, se hâter de mettre à la disposition des colons les vastes territoires qui peuvent être livrés à la culture (1), leur faire connaître par une publicité loyale tous les avantages qu'ils peuvent retirer de la culture dans l'Afrique du nord, sans rien leur cacher non plus des difficultés qu'ils y rencontreront, et, tout en leur facilitant leur installation en leur accordant de longs délais de paiement, même en n'exigeant rien d'eux les trois ou quatre premières années, en leur donnant toute l'assistance possible, se montrer exigeant dans leur choix et ne faire profiter de ces faveurs que ceux qui, tout en étant doués de qualités morales suffisantes, justifient de la possession d'un certain capital.

Il faut qu'en même temps que nous procéderons à ce peuplement indispensable, nous nous occupions des indigènes, les civilisions, les fassions profiter de notre science, les francisions autant que possible. L'Arabe

(1) M. Tridon, directeur du journal *La Tunisie française*, vient de publier une intéressante brochure sur *Le régime des habous et l'utilisation de ces biens pour la colonisation*, Tunis 1913.

éduqué, instruit par nous, aidé par le gouvernement qui le protégera, le récompensera quand il se servira des outils européens, assuré de voir ses droits respectés, ses biens à l'abri des réquisitions des autorités indigènes, s'attachera à la terre et à la nation qui lui procurera la tranquillité et le bien-être. Au lieu de vendre ses terres, il en achètera : le cas s'est déjà vu maintes fois. N'est-ce pas là la meilleure digue que l'on puisse opposer à l'invasion italienne ?

Le gouvernement a déjà compris que c'était de ce côté-là que devaient se porter ses efforts : des instruments de culture leur ont été confiés, des semences sélectionnées leur ont été distribuées, des expérimentations de cultures ont été faites devant eux. Cette méthode est excellente. Le jour où tous les indigènes de Tunisie cultiveront à la charrue française, le péril italien sera écarté et nous n'aurons plus lieu d'avoir des craintes sur la solidité de notre possession africaine.

N'oublions pas aussi que la Tunisie est un pays de protectorat et que toute tentative de peuplement français ayant pour effet d'évincer les natifs, d'implanter de force notre race, serait non seulement une manœuvre illégale et contraire au droit des gens, mais encore inhumaine, injuste et par là même imprudente et des plus dangereuses.

M. Pensa [1] estime que la mission de la France en Tunisie est de transformer la mentalité indigène en ajoutant « à la stérile doctrine politico-religieuse du Coran l'attrait constant de l'amélioration matérielle, de l'accroissement du bien-être... « Le puits artésien, dit-il encore, en ajoutant au sable stérile les bienfaits de

(1) PENSA, *op. cit.*

l'eau, féconde le désert et provoque la vie. » Ainsi notre philosophie politique doit inspirer désormais toute la législation et pénétrer une société dont l'élite ne comporte, avec le Coran, que des magistrats et des prédicateurs. A cette condition seule, d'une manière essentiellement positive, sans poursuivre un idéal illusoire, nous préparerons réellement l'union intime de la France et des populations islamiques. Nous aurons créé, en Afrique, une France nouvelle ; ce ne seront plus quelques essaims français étouffés au milieu d'une masse hostile, ce sera une population sans doute toujours diverse par ses origines, ses langues, ses religions, mais profondément unie désormais par la collaboration intime et constante de tous. C'est par la mise en valeur des richesses naturelles pouvant exister en Tunisie et par l'accession des populations qui habitent ce pays à une civilisation et à un bien-être inconnus que nous légitimerons et que nous consoliderons notre autorité : l'ambition en est assez haute pour que nous nous soyons proposés de la justifier (1). »

Nous ne pouvons négliger l'indigène : nous sommes venus chez lui non pour le refouler et le supplanter, mais pour lui apporter les bienfaits de notre civilisation. Nous devons lui servir d'exemple, nous mettre à sa portée pour lui faire discerner tout l'intérêt et tous les avantages qu'il aurait à nous imiter ; nous devons faire tout notre possible pour lui apprendre à connaître, à apprécier et à aimer ce sol qu'il maltraitait, à extraire de son sein les richesses qu'il renferme, à lui donner les moyens d'en tirer le plus grand profit.

Comme le disait très justement M. Marcassin : nous ne devons pas perdre de vue que si nous laissons l'indi-

(1) PENSA, déjà cité.

gène à sa routine, « si nous ne l'entraînons pas dans notre marche en avant vers le progrès, il marchera contre nous (1). »

(1) Marcassin, déjà cité.

BIBLIOGRAPHIE

ABRIBAT, Jules. — *Essai sur les contrats de quasi-aliénation et de location perpétuelle*, 1901.

ANTERRIEU. — Conférence sur la loi foncière tunisienne.

BEAUDOIN. — Conférence sur les grands domaines de l'Empire romain, Paris, 1899.

BESNIER, Maurice. — *La Tunisie punique.* Compilation *La Tunisie au début du XXe siècle*, 1904.

BŒUF, F. — Orges industrielles. *Bulletin de la Direction générale de l'agriculture*, 1911.

BOURDE, Paul. — *Rapport sur les cultures fruitières et en particulier sur la culture de l'olivier*, 1899.

Bulletin de la Direction générale de l'agriculture, années 1909, 1910, 1911, 1912.

Bulletin mensuel de l'Office du gouvernement tunisien, 1909.

Bulletin bimensuel de l'Association agricole, 1910.

CHAILLEY-BERT, Joseph. — *La Tunisie et la colonisation française*, 1896.

DUBOIS, Marcel. — *Introduction géographique.* Compilation *La Tunisie au début du XXe siècle*, 1904.

FAGES (DE). — *Etablissement d'un programme de grands travaux en Tunisie*, 1906.

FALLOT, E. — *Le peuplement français de l'Afrique du nord*, 1906.

FARGES. — *La culture des céréales en Algérie et en Tunisie*, 1911.

FAUCON, Narcisse. — *La Tunisie avant et depuis l'occupation française : histoire et colonisation*, 1893.

FERRY, Jules. — Préface au livre de M. FAUCON : *La Tunisie avant et depuis l'occupation française*, 1893.

GAUCKLER, Paul. — *Les aménagements agricoles et les grands travaux d'art des Romains en Tunisie* (*Revue générale des sciences*), 1896.

GIRAUDET, Adolphe. — *Etude sur la législation tunisienne en matière de domanialité*, 1910.

GOUNOT. — Conférence sur la vigne, 1912.
— Conférence sur l'hydraulique agricole, 1912.

ISAAC, Maurice. — *Régime douanier de la Tunisie.*

JULIEN, C. — *La motoculture*, 1910.

LAGRANGE et FONTANA. — *Codes et lois de la Tunisie*, 1912.

LEROY-BEAULIEU. — *L'Algérie et la Tunisie*, 1897.

MARCASSIN, M. — Conférence sur les administrations tunisiennes, 1899.

MARÈS, Roger. — *Des progrès agricoles*, 1910.

MINANGOIN. — *L'olivier en Tunisie*, 1901.

PENSA, Henri. — *L'avenir de la Tunisie*, 1903.

P. X. Y. — *La politique française en Tunisie. Le protectorat et ses origines.*

Journal officiel tunisien, années 1896 à 1913.

Rapports au Président de la République sur la situation de la Tunisie, années 1906 à 1911.

RECLUS, Elisée. — *Géographie universelle.*

REY, R. — *Voyage d'études en Tunisie*, 1900.

RIBAN, Ch. — *La Tunisie agricole*, 1894.

SAURIN, Jules. — *L'œuvre française en Tunisie*, 1911.
— *Le peuplement français en Tunisie*, 1910.

SIMONOT. — *Le dattier en Tunisie.*

Syndicat obligatoire des viticulteurs de Tunisie : *La vigne en Tunisie*, 1910.

TISSOT, Ch. — *Géographie comparée de la province romaine d'Afrique*, 1884.

TOUTAIN, Jules. — *La colonisation romaine en Tunisie.* Compilation *La Tunisie au début du XXe siècle*, 1904.
— *Les cités romaines de la Tunisie.*
— *Essai sur l'histoire de la colonisation romaine dans l'Afrique du nord*, 1896.

TRIDON, Henri. — *Le régime des habous : ce qu'il est, ce qu'il devrait être*, 1913.

La Tunisie, tomes I et II, compilation officielle, 1900.

Notice sur la Tunisie, 1909.

VITRY, Alexis. — *L'œuvre française en Tunisie*, 1900.

WARREN (DE), Ed. — *L'opinion publique française et le monde musulman africain*, 1912.

ZEYS. — *Code annoté de la Tunisie.*

TABLE DES MATIÈRES

BESANÇON, IMPRIMERIE MILLOT FRÈRES

www.ingramcontent.com/pod-product-compliance
Ingram Content Group UK Ltd.
Pitfield, Milton Keynes, MK11 3LW, UK
UKHW020953230726
13923UKWH00007B/290